茶道与易道

黄来镒 著

ZHEJIANG UNIVERSITY PRESS
浙江大学出版社

茶也可以清心喝
也可以清心喝茶
可以清心喝茶也
以清心喝茶也可
清心喝茶也可以
心喝茶也可以清
喝茶也可以清心

　　第一行的每一个字,均可提升为另一行的首字,意境恒
不变。
　　横、直、斜阅读,饶富箴言,符合易经"九宫"平衡、对称、
和谐原理。

黄来镒　谨识

贺

煌煌巨著传江夏
茶易兼扬道亦奇
一盏品尝怀陆羽
六爻推论纪庖义
利民醒世功长赫
化俗成风德不移
纸贵洛阳看此日
千秋学术史书驰

黄宏介　题
辛卯小暑于古鞋墩双花艳草堂

目　录

自序

　　乾坤定数,夙有安排;万般因缘,冥冥确立;人生宿命,依理不忒。

　　"而立"至"知天命"之年,乃人生最精华阶段。在这段年岁中,敝人当选"基层民意首长"、"民意代表暨中央民意代表",以旺盛的精力,全力为民喉舌,了解民瘼,积极建设,克尽职责,凡二十年。

　　常言道:"公门好修行。"二十载公职生涯,秉持良知,不敢稍或懈怠,尽心尽力,至于所作所为,是否合乎修行法则,是否累功德,积阴德,却也毫不在意,但求将此一阶段的人生经历,呈奉上苍裁夺。

　　值得庆幸感恩的是,上苍慈悲,让敝人有《易经》姤卦的缘,得以接触《易》,阅读《易》,研究《易》,领悟《易》涵,体会《易》境,致用《易》理,终究能把握人生的方向,不致因从政而迷失方向,仍然保持原有的金刚体,自有的本性。

　　敬爱的乡亲暨始终支持敝人的挚友,总是在"民代"服务处泡茶、谈天说地,提供建言,联络情感,让敝人忙毕公事,可享受茶饮的乐趣,也可借着为乡亲泡茶、奉茶而聊表对乡亲的感恩敬谢之意。

长时间的经验累积，体会茶的意涵，精湛泡茶的技巧，分辨茶种、茶香、茶味……让敝人爱上了饮茶，领悟了好多好多泡茶衍化的"茶道"。

《易经》是群经之王，万经之首，大道之源。道者，一达之谓道，一阴一阳之谓道。道谈中庸、中和，而茶之道亦必须符合中和之理，方能将茶香完全闷出、释出。

旋以茶之道，尚包含茶具、泡茶步骤，茶种类、泡茶的意境，奉茶礼仪、待客礼节、品茶之方……

终于，敝人尝试着将易道与茶道相互构合，俾学易与爱茶人士得以沟通畅通，让研易前贤体悟茶道之精奥，使深入研究茶道的大德窥易理之精微。

本书中易道与茶道相互构合之谕，悉为敝人体悟有感而抒，容或部分研易前贤会有不同见解，敝人予以充分尊重；唯本书易理见解与说明叙述，不敢造次逾越易圣创见卦爻真理与本义。乾卦象曰："乾道变化，各正性命，保合太和乃利贞。"是为"和"之肇首，是《易经》精髓。"保合太和"是指万事万物均保持和谐的状态，是最有利的，而且是合乎正道的。

茶道谈"和"，泡讲究"中庸"之道，闷茶的时间得宜，茶香自然甘醇，入味可口；奉茶之道，讲究伦理；奉茶礼仪，合乎中道；饮茶时，感恩入口，品茶时，体现谦谦君子之风，均为"和"的最佳诠释。

本书渥蒙当代汉学宗师，亦玉风乐府创团长黄宏介耆宿，当代五术名家——现任财团法人轩辕教二宗伯及中国五术教育协会名誉理事长吴慕亮教授，惠予诗序，鼓励有加，衷心感恩，聊表为序。

吴序

江夏·宏介夫子,泰山北斗,汉学宗师,授曰:"人惟旧,器惟新。昆弟世疏,朋友世亲。"盖此交际之理,人之情也。今则弗然,多思远而忘近,背故而相新;或历载而益疏,或中路而相捐,误先圣之典戒,负久要之誓言。斯何故哉?退而省思,亦可知也。势有常趋,理有固然。富贵则人争附之,此势之常趋也;贫贱则人争避之,此理之固然也。夫与富贵交者,上有称举之用,下有货财之益。若与贫贱交者,大有赈贷之耗,小有假借之损。

今使官人虽兼桀、跖之恶,苟结驷而过市,士犹以为荣而归焉,况其实有益者乎?使处子虽抱颜、闵之贤,苟被褐而造门,人犹以为辱而恐其复来,况其实有损者乎?故富贵易得宜,贫贱难得适。美服谓之奢僭,恶衣谓之困厄,徐行谓之饥馁,疾行谓之逃债,不候谓之倨慢,频来谓之求食;空造以为无意,奉赞以为欲贷,恭谦以为不肖,亢扬以为不德。此处子之羁薄,贫贱之苦酷也。古云:"市私恩,弗如扶公议;结新知,不如敦旧好。"先哲箴言,诚不诬矣!

黄教授来镒,胸怀伟抱,心系道统,一饭不忘黔黎,一茶必敬圣贤。好古籍、拾坠绪、倡实学、醒众醉。其治学也,诚笃精博；其援世也，民胞物我；其奉献也，倾智倾能；其助人也，剖肝沥胆。予昔请益，周易系辞，剖析透彻，妙谛独见，深感习易者多而立说者寡矣！今将易茶，融入以道，鼎新革故，冠盖相望。其基于天命赋予之责，夙夜匪懈之志，更致力于两岸文化交流，恒以温颜奖掖；辨析开晓，远赴神州，各处讲学，无存芥蒂，蜚声鹊起，德音卓著。

慕亮汲深绠短，愧无长物，唯云："讲易述茶盟，珍奇费品评，龙芽频细试，蟹眼更轻烹；陆羽三篇著，卢仝七椀（同"碗"）倾，清香流舌本，啜后爽吟情。"茶圣陆羽，别号鸿渐。盖取《周易》风山渐之卦，上九曰："鸿渐于陆，其羽可用为仪，吉。"唐人·卢仝名诗《走笔谢孟谏议寄新茶》之句，七碗注释："一碗喉吻润，两碗破孤闷。三碗搜枯肠，唯有文字五千卷。四碗发轻汗，平生不平事，尽向毛孔散。五碗肌骨清，六碗通仙灵。七碗吃不得也，唯觉两腋习习清风生。"

旋以，周易及茶道，博大精深，黄教授来镒，崇论闳议，传我"四规七则"之妙法，慕亮顿首，合十顶礼，仰戴恩荣，已增铭篆。爰录四规：一规，和蔼可亲。二规，敬老尊幼。三规，清新自然。四规，寂静无声。胪列七则：一则，宾至"待合"室时，须先击钟自报。二则，入茶会际，双手宜净，身心安祥。三则，主迎客临，倘若贫乏，难奉礼式、茶品、树石，以娱宾客，速可离席。四则，若水沸如松涛声，并闻钟鸣之时，客应即自"待合"返还，莫忘水火恰当时刻。五则，茶室内外，仅谈茶艺，勿论俗事。六则，若清纯茶会之中，主客莫以言词，或行为谄谀。七则，如举行品茗盛会，切记勿逾二时辰之久。

故"茶"之一字，森罗万象，包天裹地，大弥六合，小藏于密。陆羽《茶经》，载曰："茶之名，一曰茶，二曰槚，三曰蔎，四曰茗，一曰荈。”荼，茶之重文，从草、从木、或草木并。由此而观，古代称茶者，有草本，有木本；今日称茶者，草本，木底，中间一人，有乔木，有灌木，茶之生长，殊感奇妙，造化之神矣！

复次，北窗静坐，搦管抒怀，赋云：“登临七椀倾，试茗论分明，罗汉香还远，观音气转清；苦甘知世味，冷暖识人情，冻顶扬中外，于今博好评。”永康·黄教授来镒，心性和恺，笃信敦朴，严而律己，宽以待物。谦冲自牧，学者英姿，弘雅远识，处世恂愔，吾曹仰瞻不及一二耳！然《易》略知，茶中仙道，所涉甚广，老朽慕亮，浅学肤受。伏承《茶道与易道》新书，付镌前夕，索序于我，惶恐慎戒，焉敢推辞；谨缀代序，襄赞大成，高贤匡正，曷胜祈祷！

岁次辛卯年初秋之月壬辰吉旦晨曦

隆中吴慕亮敬书于新竹龙风乐府之牖前

前言

《系辞传》云："一阴一阳之谓道，继之者善也，成之者性也；成性存存，道义之门。"

《易经》中一阴一阳谈和谐，是为中庸之道，万象万物以中道为本。

茶文化，以大自然中的茶叶为体，以木、火、土、金、水为用，以人为本，臻于和谐状态时，茶韵、茶香、茶饮、茶道就达到圆满的境界，成为养生、艺术、修性、养德的法门。

茶，作为饮料，始于神农大帝，经由周公作记而流传于世。

春秋时期，齐国晏婴，汉朝司马相如、扬雄，三国时期东吴韦曜，晋朝刘琨、张载、陆纳、谢安、左思等都是品茗贤士。

茶道，茶之道也。饮茶、品茗的艺术总称。

"茶道"一词，开始出现是在中国饮茶风气最盛行的唐朝中叶。

唐代诗人、僧人、茶人皎然所撰写《饮茶歌诮崔石使君》这首诗，其中一句"孰知茶道全尔真，惟有丹丘得如此"，是为"茶道"于史册中最早之文献。

八世纪唐朝中叶，茶圣陆羽将茶的起源，制茶工具、方法，茶的种类、产地及喝茶的茶器,泡茶的方法与程序,茶之母水……集大成而成就了品茶香、论茶艺、学茶礼、行茶道的茶哲学。

从此,茶文化深深影响了中国,以及受儒学汉化的东方人。茶,成为生活中不可或缺的饮品。

品茶论道,自古以还,文人雅士风偃盛行。或独身尝茶潜修,或群萃品茶传道,均属上流。

《易经·系辞传》曰:"一阴一阳之谓道。"茶饮的精髓,在于"道",是故茶道与《易经》有着不可分的关系,着实说,茶道源自易道。

宋朝徽宗皇帝的《大观茶论》,被历史上喜爱茶道的同好们,视为绝佳艺术的不朽名作。

唐代品茗,讲究清净、怡情。沿至今日,风雅之士,以茶论道,以茶道衍化易道、佛道,将茶道的风雅哲学与生活相结合,在饮茶动与静、速与缓之间,体悟中庸哲学。

茶道是一门学问,究其根底,与易、佛、儒、道、法均相通。

严格说来,茶道更是一门艺术学。

《易经》是中国最古老的一部经典,是中国文化思想的起源,群经之王、万经之首,大道之源。《易经》六十四卦,三百八十四爻,无论卦象、卦辞、卦德、卦义、爻辞……细加推敲,均在茶文化里充分展露《易经》的精髓,茶道与《易经》卦理、《易经》的意境密不可分。

《易经》第一卦乾卦象辞:"保合大和,乃利贞。"是为"和"字之肇首,是最有利的,而且是合乎中道的。

茶道谈"和"。泡茶时讲究"中庸之道";闷茶时间的拿捏掌控得宜,茶香自然芳香甘醇入味可口;待客之道,讲究伦理;

奉茶礼仪,合乎中道;饮茶时,感恩入口;品茶时,体现谦谦君子之风,均为"和"之最佳诠释。

茶道的意境,求其"静"、"思"、"善";《易经》的至诚,在于"不易"、"变易"、"简易"、"交易"。其中"不易"更是爱茶者与研易者所共同追求之目标,即所谓"止于至善"。

盖"不易"者,保有原来的佛性,追求天赋的金刚体,如斯而已。唯"理"虽简易,"求"之却难得。泡茶、求易,以茶论道,其意境甚高,值得深思,不可不慎思。

古代员外宅中,若有宾客来访,主人以"茶"、"泡茶"、"泡好茶"三者示意家中仆人区分来宾的身份。若主人高喊"泡好茶",表示此宾客乃上宾,必取出最珍藏的好茶招待客人。沿袭至今,"泡好茶"已成为对客人身份的尊重。

《易经》第十九卦䷒临卦象曰:"说而顺,刚中而应。"六五象曰:"大君之宜,行中之谓也。"象辞与六五均曰,物体朝我临近,形体大而渐现。比喻君子、大人亲近本身,可激发大智,培养领导者之风范。以上等茶招待上之士客人,犹如临卦,仙佛降临,渡化众生,以德化人。

常言道:"泡好茶,行善道。"《易经》首卦䷀乾卦文言:"嘉会足以合礼,利物足以和义","乾始能以美利利天下,不言所利,大矣哉","君子以成德为行,日可见之行也。"在显示泡好茶、行善道已符合《易经》的意境和精髓。

茶道篇

《易经》与茶道

茶道是中国茶文化的核心主体。茶道者,经由品茶的过程,表现另一层次的礼仪、品味、意境、修行、参悟与体验。

《易经·系辞传》云:"一阴一阳之谓道。"

道,在字面上解释为"路",欲路无险阻,则凡事必依"理"行之,则人生之路方能宽广畅行,故道者,理也,路也。

哲学上解释"道",指的是造化所依循的轨道,人生所遵循的途径。顺着上天赋予人的本性,以☳恒卦的精神,不断地修持自律,便能臻于正义的大道。

历代圣贤哲人本此原则进德修业,养天地浩然正气,俾人立于世的三大精髓:性、命、形得以"内合于性道,外健于形骸"。

茶道,经由品茶的过程与行为,独乐乐时,得以怡情自得,陶冶身心,修身养性;众乐乐时,知己相交,论时政,言人性,观天文,察地理,悠哉怡然。此怡养天人之功,合乎《易经》☱兑卦的喜悦,☶颐卦,颐养的境界。

茶道的意境,求其静、思、和、真、俭。

中国茶道之提倡,始于唐朝陆羽。

佛教在公元前传至中国,亦鼎盛于唐朝。

陆羽自小在佛寺中礼佛诵经,并研习煎煮泡茶之法。修习佛法与研究茶道,培养了陆羽将茶道与佛法相结合之圣事。

佛法求"戒"、"定"、"律"。

修行时,佛法讲求"专注"。坐禅时要求"处静",佛法要求修行人遵守戒律。

茶道讲究有程序的品茶,追求外在与内心的平静养气。此与佛中的"定",与禅坐是完全相通的。

《易经》六十四卦中☶艮、☱咸、☳恒、☴观卦均与茶道"静"的功夫有密不可分之关系。

《杂卦传》云:"艮止也。"内在、外在均须止而后静。

咸卦象辞:"咸、感也。"静必有感方能悟。品茶有感,必能饮水思源。

恒卦象辞:"恒、久也。"可长可久,乃为修道最珍贵之德也。

观卦能臻于观天之神道,而四时不忒。

思

冥想得生智慧。独乐品茶,固有静,亦可思,思想若通,则智慧生。众乐品茶,各自所思,意见交换,受益无穷,思之极致,亦是茶道之至高意境。

思的过程,亦讲究得,思而有得,臻于☰乾卦文言:"夫大人者,与天地合其德,与日月合其明,与四时合其序,与鬼神合其吉凶。"

《易经》☷坤卦六二:"直方大,不习无不利。"

坤卦文言:"至静而德方。"

这两段均是坤卦谈"静"之至高境界,乃为茶道"静"功之本源。

《易经·系辞传》云:"易无思也,无为也,寂然不动,感而遂通天下之故。非天下之至神,其孰能与于此。"

此"寂然"即为"静之态"。全段说明了若没有思想,没有造化,未有所感,则寂然不动,一有所感,则如响斯应,豁然开通于天下事物。所以然之故,若非天下之神妙者,能如此乎?

䷞咸卦象辞:"天地感而万物化生,圣人感人心而天下和平。观其所感,而天地万物之情可见矣!"

䷠艮卦象辞:"君子以思不出其位。"

君子品茶论道,自亦当省思精进之道,则茶道的意境自可臻于高峰。

和

《易经》䷀乾卦象辞:"乾道变化,各正性命,保合太和,乃利贞。"此"和"系茶道所追求的"和"之根源。

世上万事万物所求的是阴阳调和,并保全太和之气以利万事万物成长。

茶道中的动,其实是在泡茶时表现的"中庸之道",闷茶时间的拿捏精确与否,关乎茶汤味道香醇程度;待客之道,奉茶与接茶,合乎礼仪;品茶时讲究心境平和谦逊。凡此种种均为茶道与易道吻合之道。

俭

陆羽将"俭"作为约束茶人行为的首要重点,勉励茶人以勤俭作为茶事的内涵。

《易经》䷋否卦象曰:"君子以俭德辟难,不可荣以禄。"《茶经·七之事》举古代晏婴贵为宰相,三餐均粗茶淡饭;扬州太守恒温,生性俭朴,每次宴饮仅摆设七个盘子的茶食。

俭既是一个人精神修养的内涵,君子讲究茶道,自当奉为上德,以达"不可荣以禄"的境界。

真

"真"是中国茶道所追求的极致目标，茶叶求真茶，茶香求真香，茶味求真味，茶具求真竹、真瓷、真陶、真木，环境求真山真水，待客要真心，赞美出真诚……总之茶道求一"真"字。

茶道求真，符合《易经》井卦。《易经》☷☴井卦："改邑不改井，无丧无得，往来井井。"象曰："井、养而不穷也。改邑不改井，乃以刚中也。"

《易经》与茶圣陆羽

　　唐朝茶圣陆羽(公元七三三至八〇四年),自小在寺院长大,是僧侣自河边带回养育,不知自己姓名,由于精通《周易》,便自行衍卦为自己命名。

　　衍卦得蹇卦,茶圣知"蹇者,难也",遂动了上六,成为渐卦。渐卦上巽为风、为树木,下艮为山,是逐渐往上飞跃的卦。渐卦的爻辞,是以候鸟大雁说明鸟初生初学于水中,逐渐踏上水中石头,跃至陆上,飞上树上停于枝头,再往山上飞奔,终能飞翔于天空。

　　茶圣将原先衍得蹇卦上六变爻为渐卦上九。渐卦上九:"鸿渐于陆,其羽可用为仪,吉。"茶圣于是以"陆"为其姓,以"羽"为其名,并以"鸿渐"为字。

　　陆羽取渐卦六爻,系因上九象征分散的大雁,至此,已归队聚排成列在空中飞翔。鸟能在空中自由飞翔,又成群结队,是悠哉快乐幸福的表征。

　　历史证明,陆羽著作《茶经》一书,受世代敬佩尊崇,被尊奉为"茶圣",名符其实,良有以也。

乾卦与茶道

茶道精神"和"出自于乾卦彖辞。乾卦彖曰："保合太和，乃利贞。"是为"和"字之肇首，亦是道、儒、释三家思想精义之源头。

"保合太和"指万事万物均保持和谐的状态，是最有利，而且是合乎正道的。

茶道谈"和"，泡茶讲究"中庸之道"，闷茶的时间得宜，茶香自然甘醇，入味可口；待客之道，讲究伦理；奉茶礼仪，合乎中道；饮茶时，感恩入口；品茶时，体现谦谦君子之风，均为"和"的最佳诠释。

复卦与茶道

复卦卦象，上坤下震，地下有雷之象。一阳位于五阴之下，居中卦坤之后，依节气言，是为冬至。冬至代表阳气将初动，象征天地即将生成万物。

采摘茶叶的最佳时辰为子时至寅时（复、临、泰三卦），是一天中阳气刚刚形成的时辰，与冬至的节气是相同的，此一时辰采摘的茶叶，蕴含了整棵茶树的精萃。

实验证明，将去年春天采摘制成的茶叶，经过一年，用适温的开水浸泡，三至五分钟后，原已干燥成赤褐色的茶叶，又复回刚刚采下、像雀舌般的茶芽，也恢复原来的青绿色，这是复卦初爻的写照。

复卦前为剥卦，剥卦与复卦同五阴一阳，但剥之阳位于上爻，复卦的一阳位于初爻，由山地剥至地雷复，让我们想到茶叶摘下之后，经过制造的隐藏，只要再给予水分浸泡，仍然可以慢慢复生，由淡绿色再回复青脆绿色。

大自然的奥妙，令人惊叹造物者的伟大至哉，诚如《系辞传》云："天地之大德曰生。"

颐卦与茶道

　　《易经》谈变化。涣卦的互卦为颐卦，谈饮食。颐，上艮为静止，代表上颚在饮食时，静止不动；下震为动，代表下颚往上动，挤压上唇，达成咬合的目的。

　　就进德修业而言，颐卦象辞："君子以慎言语、节饮食。"谈养身、养性、养道、培德，养万民、养天下圣贤。

　　水与茶叶互为交融而泡出来的茶，就如同君子养身、养性、培德、养道一样，纯洁无杂质，毫无邪气，能使人神清气爽。

鼎卦与茶道

鼎卦的卦象木上有火。以木巽火,烹饪也。烹饪包含食、饮。

茶圣陆羽将火炉内设三个隔板,画野鸡的隔板,以野鸡象征火的鸟,是为离卦。另一隔板画着豹子,豹乃起风之兽,是为巽卦,为风。火风是为鼎卦。另一隔板画着一条鱼,鱼是水中之物,代表坎水,风引火,火煮水,此象有了泡茶的意境。

古代以鼎煮水泡茶,今已发展为瓦斯、电热、酒精等器具,但其义同,其境更专,不失鼎之义。

涣卦与茶道

水、火、风是泡茶的三要素。火与风的关系融洽适中，火候得以调节，这是以水煮物的条件，泡茶之水亦然。

《易经》涣卦，上巽风，为木；下坎为水。茶为木，是为上卦之巽，水在木下，象征冬雪渐渐融化，有渐渐化解之意。又木浮于水之上，象征风在水面吹拂。以上二解，其意境与用水泡茶，使茶韵闷出，茶精髓释出，完全相同。这种奥妙的变化符合《系辞传》："阴阳不测之谓神。"易儒大师朱熹说，这是水的韵与茶壶相遇创造了奥妙的茶神，也就是阴阳调和之功。

履卦与茶道

　　茶树是常绿植物,古人常用来象征爱情历久不衰。茶,曾经在中国古代结婚礼仪中扮演着极为重要的角色。

　　唐朝饮茶风气极盛,极品茶叶成为婚礼不可少的礼品。宋朝时,茶成为男子向女子求婚的聘礼。至元朝暨明朝,茶礼几乎为婚礼的代名词,甚至成为一种道德标准。女子受人茶礼是合乎礼节的行为。这种思想观念一直流传在民间。清朝时期,茶礼的观念仍被保留,坊间谚语曰:"好女不吃两家茶。"

　　时至二十一世纪的现代农村,仍有许多地区将婚礼以"受茶"、"吃茶"来称呼。

　　吃茶,指男方向女方求婚,托媒人给女方送聘礼的行为;受茶是女方接受男方送来的聘金、聘礼,女方要回赠一包茶、一袋米,用"茶代水,米代土"表示女方嫁到男方,能服水土。

　　以"吃茶"作为婚礼的重要程序,最早可追溯至唐朝,据《旧唐诗·吐鲁蕃传》记载,文成公主嫁给松赞干布,随嫁礼中就有大量高品质的茶叶,西藏地区也由此开创了饮茶的风气。

　　如今,蒙古族、回族、哈萨克族说亲、订婚,男方都是以上等茶送女方表示诚意。回族称订婚为"定茶"、"吃喜茶";满族称"下大茶"。

婚礼中,新人喝"交杯茶"、"和合茶";台湾地区传统婚礼中,向父母、尊长敬献的"谢恩茶",和亲戚、族人相见欢的"认亲茶"都极为温馨满满。

《易经》第十卦履卦,以上乾下兑谈礼节、礼仪,制度。婚姻乃人生大事,自有相当严谨明确的礼仪规范。

古代结婚必须遵守的严谨礼仪,称为"六礼",曰:纳采、问名、纳吉、纳征、择期、亲迎。

"纳采"即为说亲、提亲;"问名"是将双方出生的良辰吉日四柱八字,比对其相生相克程度;"纳吉"是双方完成小定礼仪;"纳征"是结婚前的大规模订婚仪式;"择期"即是择定结婚的良辰吉日;结婚当天,男方以盛大的礼仪到女方家中迎娶美娇娘,是为大礼中最终一道礼仪"亲迎"。

既济卦与茶道

先天八卦曰："水火不相射。"既济卦为水在火上,象征圆满。水流湿,火就燥,为天经地义之理。水在上,心却往下;火在下,心却向上,代表相互交错,能成就大业。就实务而言,水放锅内,在下生火,放锅内水中之物必可煮熟,象征水与火各自得以发挥特性,互相合作,和谐圆满。

茶道讲究"恰如其分"。泡茶时,以火煮水,达于沸腾,再冲泡茶叶,水温激荡茶叶翻动,阴阳相互对立,水与茶的元素相互配合,形成水火既济卦的和谐,冲泡出香醇、可口,富有丰富养分的茶饮。

泡茶工具论五行

《易经·洛书》衍化为木、火、土、金、水五行,是宇宙万物相生相克,相生相制,相类比的依循法则。茶道自不例外于五行。

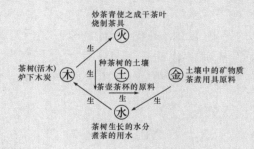

木:茶为草本之属,五行属木。

火:烧水之炭或电炉,五行属火。

土:种茶树之土壤,五行属土。

金:器皿为金之属,五行属金。

水:泡茶之泉,水之属,五行属水。

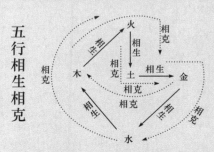

五行相生相克

茶树成长论五行

唐代诗僧陆羽在《茶经》中开宗明义言,茶是中国南方的嘉木。

南方属火,茶树属木,茶树在土中成长,土之属性已然形成;而土壤内的各种矿物质即是金,树之成长须靠水来灌溉,因此木、火、土、金、水五行俱全,也因五行相生而成就了茶树。

泡茶过程论五行

茶叶(属木)经高温锅炉(属金)杀青,揉捻后以温火(属火)慢慢烘焙成干茶。

木被金克,又被火克,其本质蜕变,成为茶品。

将茶品以沸水(属水),茶具(属土)加以冲泡、盛装、饮喝,为人们保健养生之极品。

五行原理认为世上万物万事是相互依存,相互克制,相生互成,绝非单体运作,是不断的相生相制,因而成就了物质的平衡。

《易经·系辞传》云:"一阴一阳之谓道。"人体五脏属阳,六腑属阴。五行相生平衡得当,即能强身健体。

以阴阳五行之道,泡出匀称之茶汤,成为人们以茶叶为健康养生功效的立论基础。

茶道的意境

　　《易经》第二卦☷坤卦："君子黄中通理,正位居体,美在其中,而畅于四支,发于事业,美之至也。"茶色如坤卦六五："黄裳元吉",谈修身养性的德性已臻于圆满,达到兼善天下之功。

　　喝茶的最高境界若能达到以下境界,实不啻人间若仙境:眼观茶色——《易经·说卦传》:"离为目。"第三十卦☲离卦,代表光明。既有代表光明的离卦,又可借由第二十卦☴观卦的意境,"观天之神道,而四时不忒"。第二十二卦☲贲卦二、三、四爻论修饰的文明,必须是高度的精神文明。

鼎:耳聪目明

　　鼻闻茶香——第三十一卦☱咸卦象曰:"咸、感也。柔上而刚下,二气感应以相与。"泡茶,犹如渡化众生,天地感而物化生,圣人感而天下和平。

咸:感而悟通

　　口尝茶味——《说卦传》:"兑为口。"☱兑者,说(悦)也。"丽泽兑,君子以朋友讲习"。

颐：自求口实

耳听茶涛——《说卦传》："坎为耳。"☵坎者，"水流而不盈，行险而不失其信"；"行有尚，往有功也"。

坎：倒茶声

手抚茶器——《说卦传》："艮为手。"☶艮卦象曰："时止则止，时行则行，动静不失其时，其道光明。"象曰："君子以思不出其位。"

《杂卦传》："艮止也。"泡茶者须经验老到，手抚茶器。知悉何时该倒茶，才是最佳时机，此刻茶香完全闷出，闻其香味，手抚名壶，一大享受也。

省　思

宇宙万物，有其定型；举凡世事，不离阴阳，天地盈虚，日明月晦，寒来暑往，动静失得，屈伸相感，皆源于"易"，故曰："一阴一阳之谓道。"

《易经·系辞传》："生生不息之谓易"，意谓世上一切均为变动的哲学，生生不息，日新又新。参透易理，便能洞烛先机，探究天人之间的精深之髓，了解宇宙自然规律的运转法则。从而产生智慧以体证世事，趋吉避凶、乐观进取。

《易经》的智慧自伏羲圣人、神农圣人、周文王圣人、周公圣人、孔子圣人……保留至今，代代相传，是中国人生命的综合体；是群经之王，万经之首。

茶道系意境高超的艺术综合体，养身怡性，兼可娱人益友。

《易经》第二十七卦☲颐卦象曰："君子慎言语、节饮食。"为养心、养性、养气、养身，颐养天性的最高境界。

唐代诗僧陆羽，以其饮茶心得、观察茶艺所得见闻、茶叶种类，乃至泡茶工具、泡茶方法，首创茶文化，成为我华夏民族最为风雅典尚之民艺，历史悠久，自成传统。

茶道精神意涵重视"中庸"之道及"俭德谦让"美德。《易经》第十二卦☷否卦象曰："君子以俭德避难，不可荣以禄。"《易经》与茶道互通之理，奥妙无穷。

爱茶人士与研易、爱易人士相互结合茶道与易理，实不啻为人生意境的最高峰顶！

茶具篇

茶具分类

茶壶

一、宜兴紫砂壶：质地坚硬之壶，以指甲轻敲壶身，若发出频率较高的铿锵声音者，适合泡轻焙火、香气浓郁的茶，即一般所谓的"青茶"，或称"生茶"者。壶声若沉厚，音频较低者，则适合焙火较重，喉韵较佳的"熟茶"。

二、玉壶：适合泡"包种茶"、"高山茶"等，较清香的茶种。

《易经》第十卦☲☱履卦象曰："刚中正。"象曰："君子以辨上下，定民志。"

俗云："工欲善其事，必先利其器。""泡好茶"必须准备茶壶、茶杯等茶具。

泡茶的主体是茶壶与茶杯。基本上，杯与壶应同一质地，或陶、或瓷、或金属、或玉、或石等五大类，择一均可。

茶杯

依其作用，可分为闻香杯、品茗杯。通常闻香杯杯口平且稍窄，杯身则稍长稍深，以利茶香的聚萃。此乃《易经》第四十五卦☱☷萃卦象曰："萃，聚也，顺以说，刚中而应，故聚也"，"王假有庙，致孝亨也"，"观其所聚，而天地万物之情可见矣！"品茗杯杯口外翻且较宽,杯身较浅,用以喝茶入口,品尝味道。

茶船

茶壶通常有茶船相伴,其用途系保护茶壶,泡茶时茶船盛装热水保持壶温,让茶香能内外加温而舒展;茶船亦可盛装热水供烫茶杯或洗茶杯之用。茶船有如《易经》第五十九卦䷺涣卦,代表一艘法船渡化众生。泡茶须用水,水乃智慧水,一切智慧如泉源。

茶海

茶海又称公杯或公道杯,也称茶盅。茶泡好之后,自茶壶中倒入茶海,再分倒至每个小茶杯供饮茶者享用。第七卦䷆师卦象曰:"师,众也","能以众正,可以王矣。"象曰:"君子以容民畜众。"初六:"师出以律。"

茶盘

茶盘亦可称水盘,通常有双层,不论铁质或塑胶质料,上层有筛孔,可让泡茶时多余的水或冲洗杯身的水,流入下层,近来更有将下层挖孔,以塑胶管将水引入茶桌下的水桶,以免下层水满须常倒水。

茶渣若不方便起身外倒时,亦可暂时倒入下层。

泡茶时多余之水量不多,贮藏即可,不必引流。如同《易经》第九卦䷈小畜卦之寓意,天上小云聚畜,所积不多,因而没有雨降下来。

茶巾

茶巾是用来擦拭泡茶时或倒茶时滴落在桌上的水滴。或者提着茶壶倒茶入茶海时,拭擦壶底,以免不洁之水流入茶海内。

《易经》第二十二卦▤▤贲卦:"亨、小利有攸往。"贲者,饰也。象曰:"山下有火,贲。君子以明庶政,无敢折狱。"正人君子的完美气质形象,必须是整体美,不容有小缺失。泡茶过程中,随时保持茶桌及附近清洁卫生,则饮者及泡者心境畅然。

茶则

唐朝即有的茶器,用来取茶、测量茶叶量及观赏茶叶。有很多形状,主要功用为盛茶入壶之用具,一般为竹制。

《易经》第六十卦▤▤节卦象曰:"节、亨。刚柔分,而刚得中","天地节,而四时成;节以制度,不伤财,不害民。"象曰:"君子以制数度,议德行。"

节字在象形文字中的样子是跪坐之形,又是躬身行礼之象,其意是指行为当有节制,以茶则自茶罐取茶叶入茶壶,当知分量多寡,方能泡出好茶,颐享一番,达到兑卦的喜悦;颐卦养心、养身、养性的境界,更臻于颐。颐卦象曰:"天地养万物,圣人养贤以及万民,颐之时大矣哉!"

计时器

计时器可帮助控制泡茶的时间,有经验的泡茶者通常不使用。《易经》第五十二卦▤▤艮卦象曰:"时止则止,时行则行,动静不失其时,其道光明。"

煮水器

煮水器可分以下三种:

瓦斯式——加热快,但危险性高。

电热水瓶——随手可用,方便实用,唯水温有时不足100℃被认为无法充分闷出茶香。

酒精式——典雅、不占空间,但加热速度慢。

《易经》第五十卦☲鼎卦,木上外火,是烧炊烹饪之象。鼎是烹饪工具,用来煮食物;鼎又是国家权力的象征。成语"革故鼎新",寓意以鼎烹饪,化生为熟,比喻培育新的人才。

贮水壶

贮水壶——用来贮储水。泡茶时备用。

《易经》第十六卦☷豫卦,豫者,预也。先想在事前。凡事有计划、有准备,就充满希望并达到目标。泡茶前事先贮储预留泡茶用水,可免中途缺水而手脚慌忙,乱了方寸。泡茶的闲逸雅兴不致有损。

茶罐

将茶叶置于茶罐,以免茶叶与空气中的湿气接触而受潮。目前茶叶大都先以真空铝箔包装,唯拆开后通常亦会放入茶罐内,借达双重保湿之用。茶叶相当容易吸收其他异味,为保茶香,密封贮藏茶罐内,方不致有异味又失茶香。

《易经》第四十五卦☷萃卦象曰:"萃,聚也","刚中而应,故聚也","观其所聚,而天地万物之情可见矣!"象曰:"君子以除戒器,戒不虞。"

茶壶的渊源

　　茶壶制造的历史,早在北宋年间就已经开始制造。

　　中国茶壶,公认江苏省宜兴出品的紫砂壶是最好的茶壶。制造紫砂壶的材料——紫砂矿石,以宜兴市的丁山镇最著名。整个紫砂矿石欲制造茶壶前必须经过六个月"风化"的过程,才能碎离。碎离之后经过 1200℃ 高热烘焙,依图案制成不同形状的茶壶。

　　宜兴的紫砂可分为民国绿砂、黄金砂、朱红砂、紫砂、黑金砂和混合砂。

紫砂壶品质与易理

由外表观壶之粗、腻，良、窳，佳质的紫砂壶须具备下列条件：

壶盖

将壶由耳提起，以 90°侧弯，若壶盖如第五十卦☲☴鼎卦上九：“鼎玉铉，大吉，无不利。”象曰：“玉铉在上，刚柔节也。”紧靠不外掉，表示接缝紧密，泡茶时，水温不致外泄太多，有助于茶香之闷出与茶叶之舒展。

鼎卦上九（第六爻）代表鼎盖（壶盖），鼎盖若紧紧密合鼎缘，烹饪之美食必为佳肴。

泡茶之理亦同。

玉铉是打开鼎盖的玉把手。把手若使用钢铁类，高温易于感热，且过于刚硬；玉铉温润适中，刚柔相济，能够无往不利（寓意即使鼎盖高温，玉铉亦能打开，尽情享用壶中好茶）。

中心点

壶嘴、壶盖、手把等三者的中心点，若成一直线，表示茶壶制造手法细腻，整体成型均匀，上下通，前后通，则可将茶香完全闷出。

《易经》第十一卦☷☰泰卦象曰:"天地交而万物通也,上下交而其志同也。内阳而外阴,内健而外顺,内君子而外小人,君子道长,小人道消。"

☷为地,为阴,地气下沉。☰为天,为阳,阳气上升。

☷☰乃上升之气与下沉之气相交,阴阳相互包容,为光明泰平之象。泰平世界是正义的天下,小人遁,君子至,政通人和。

平衡状态

将空壶置于盛满六分水的盆内,若壶正正方方,不偏不倚,符合第三十四卦☰☳大壮卦象曰:"大者、壮也","正大而天地之情可见矣!"象曰:"雷在天上,大壮,君子以非礼弗履。"表示此壶密度均匀。若歪斜则表示密度不均。密度均匀,如第十一卦☷☰泰卦:"吉,亨。"茶叶放入壶内加水泡茶,则闷出之茶香与茶叶全然舒展,将益发增添茶叶之浓郁香醇甘味。

☳为雷,☰为天,雷在天上轰鸣,声势自然壮大,寓喻效法君子做轰轰烈烈的大事。然而,君子的强大,不是强胜他人,而是克制自己,告诫自己不做不合乎礼法之事,否则有害无利。

材质

中国江苏宜兴地区制造紫砂壶的紫砂泥,如第四十八卦☵☴井卦,往来井井,养而不穷也。取之不尽,用之不竭。唯紫砂泥之良窳,直接影响壶之品质。宜兴的紫砂可分为民国绿砂、黄金砂、朱红砂、紫砂、黑金砂和混合砂。除混合砂之外,其余五者均有上、中、下品。有若依《易经》第六十卦☵☱节卦六四象曰:"安贞之亨,承上道也。"鉴定区分紫砂泥之品质等级,须依经验之累积与传承。《易经》第四十六卦☷☴升卦象曰:"柔以时升"，"用见大人"。

节卦六四象曰："安贞之亨，承上道也。"壶之材质，承顺中正之道，节制天下，克勤于邦，克俭于家，以仰承尧帝"茅茨（茅草尾）不剪"的风范。

经验的累积，需靠第四十五卦☷☱萃卦，聚集☷☳丰卦无比的力量，全面提升鉴定茶壶品质的能力，而此经验与心得、能力必须循序渐进，不能冒进——第五十三卦☶☴渐卦之真谛也。

声纹

《易经》第五十卦☲☴鼎卦象曰："巽而耳目聪明，柔进而上行，得中而应乎刚，是以元亨。"圣贤臣子诚信驯顺，可以帮助君王耳目更聪明；君子屈己降尊以纳用贤才，贤才以忠诚尽职辅助君王，刚柔相济，贞守中正之道，国家自然鼎盛。

鉴赏茶壶之品质，亦可倾听壶内回音以为评鉴：打开壶盖，茶壶入水与置茶的壶口附着耳朵，倾听壶内自然发出之声音，若其声音为"嗯，——"频率相当整齐，不会忽大忽小，或高或低，这表示该壶制造过程严谨，密度均匀，此壶泡好茶，其茶叶闷出之茶香与韵味，自然香醇可口。

《易经》第四十五卦☷☱萃卦象曰："萃，聚也，顺以说，刚中而应，故聚也"，"观其所聚，而天地万物之情可见矣！"

☱兑，为泽；☷为地。泽上于地，萃。水聚集在地上成为沼泽，可以灌溉，使万物生长。兑亦为悦，坤与兑相聚，象征着欢悦地顺从。寓意凡事和谐，自然愉悦，聚在一起就有共同的目标，吾人常道"人才荟萃，繁花锦萃"就是此理。

紫砂壶的壶内声纹，攸关壶之良窳，其易理乃☲☴鼎卦与☷☱萃卦。

《易经》第五十一卦☳☳震卦："震来虩虩，笑言哑哑。震惊百里，不丧匕鬯。"雷声接连震动，使人惊震恐惧，但因戒慎而有后福，然后喜笑言开。

反之，若壶内声"嗯，……"频率不规则，忽高又忽低，又是小声、又是大声，此表示密度不均，不可能将茶的韵味与茶香完全呈现。如《易经》第十一卦☷☰泰卦九三："无平不陂，无往不复，艰贞无咎，勿恤其孚，于食有福。"象曰："天地际也。"

《易经》第十二卦☰☷否卦象曰："大往小来，则是天地不交，而万物不通也。上下不交，而天下无邦也。"亦符合茶壶音频不规则之寓音。

依经验法则，欲精确判断茶壶内频，须多听，多比较，多揣摩，此三多即《易经》第十六卦☳☷豫卦九四："由豫，大有得，勿疑，朋盍簪。"

凡付出劳力必有收获，付出愈多，经验愈丰富，希望自来，油然而生，多做，自然会有大收获。鉴定茶壶的声纹，亦复如此。

已知为佳壶、上等壶，须多听，多揣摩音频。若明知其为次等壶，也应倾听，再与好壶比较，久之则可成为高级观壶、赏壶、辨壶雅者。诚如《易经》益卦象辞所言："益动而巽，日进无疆。"

《易经》第十卦☰☱履卦象曰："君子以辨上下，定民志。"亦可作为多听，多比较，多揣摩之最佳诠释。

紫砂杯

一般人购买茶具，通常仅注重茶壶，不重茶杯。其实，好的紫砂杯同样可以达到喝好茶的境界。如《易经》第四十八卦䷯井卦九五："井冽寒泉，食。"由外表看茶杯，无法窥内貌，因为它犹如一位修养好、品德高尚之人，精光内敛，不轻易外露才华。寓意"见贤思齐"，才能吉祥中正。

如何鉴定紫砂杯的品质？《易经》第五十五卦䷶丰卦：经验老到。象曰："丰、大也。明以动，故丰。"以下是作者经验的累积：

将杯子置于桌上依序排列，以正烧开滚沸的开水，由上往下注入杯内，若茶杯内的水泡立即消失，或完全没有水泡（几乎不可能），则该杯是好茶杯。水泡停留时间越长，则该杯是次等杯，泡沫多亦非上品。

以上辨别紫砂杯良窳之法符合《易经》第二十卦䷓观卦象曰："大观在上，顺而巽，中正以观天下。观天之神道，而四时不忒。"

第十九卦䷒临卦象曰："临，刚浸而长，说而顺，刚中而应，大亨以正，天之道也。"

水由上往下注入茶杯内，如《易经》第十一卦䷊泰卦象曰："小往大来，吉亨。"

水泡多，久未消去，如《易经》第十二卦䷋否卦之不通，不利君子贞。

养壶养杯

《易经》第二十七卦䷚颐卦象曰："观颐,观其所养也。自求口实,观其自养也。"

品茗雅士,爱壶如命,闲暇没事,抓起茶壶,以茶巾轻抚茶壶外表,借由壶本身的质地,加上长年累月的茶香熏陶,久而久之,可将壶之外表抚摩得精亮发光,无论养壶或观壶者,均能感受到养壶之乐趣和其养性之功夫。

有一小秘密提供读者:可将壶之外表,在鼻准头抚擦。犹如《易经》第十六卦䷏豫卦象曰:"豫顺以动。"借由人体之皮肤油质,润滑壶之外表,再予擦摩,效果颇佳。唯此动作建议应在无人之处使之,以免被视为不雅。

至于养杯,虽亦有人为之,唯因杯子直接与人口接触,若置于手中把玩,可能被视为不合乎卫生原则。但若遇有共享养杯之乐的同道,端出没有杯垢,精亮如镜的茶杯,又是何等高操!

茶叶篇

中国十大名茶

中国名茶，花色品目，种类不下两百种，形形色色，俱显珍奇，各有千秋。

一般从蜚声中外的名茶中，严格挑选以下十种为中国十大名茶：西湖龙井（浙江）、铁观音（福建）、祁红（安徽）、碧螺春（江苏）、黄山毛峰（安徽）、白毫银针（福建）、君山银针（湖南）、蒙顶茶（四川）、冻顶乌龙茶（台湾）、普洱茶（云南）。

西湖龙井

产地：杭州西湖龙井地区的龙井村、狮峰村、云栖村、虎跑村、梅家坞等五个村庄。

特色：色、香、味、形均属上乘。

西湖龙井茶位列中国十大名茶之首。

西湖龙井，或谓"三名"巧合，"四绝"俱佳。

三名：龙井既是地名，又是泉名，亦是茶名。

四绝：色绿、香郁、味甘、形美。

高级龙井茶在清明节前后采摘。清明采制的龙井茶，称为"明前"。"明前龙井"为龙井茶极品，产量很少，珍贵异常。

每年谷雨（四月二十日）前采收的茶叶，昵称"姑娘茶"。茶叶绿中带黄，黄中带脆，犹如姑娘羞娇可媚。

西湖龙井茶被誉为"绿茶皇后"。当地人说龙井茶:一道水,二道茶,三道精华。冲泡时,以 80℃～85℃ 的水温最佳,冲水后不能立即加盖,须等五分钟后再加盖闷出茶香与味。据说,冲了开水的龙井茶,其往上升的水蒸气具明目洗眼之功效。

龙井地区流行一帖明目药方,以中药陈皮五克,药山楂十克,适量龙井茶,置入 500mL 水,冲泡饮用,更具实质明目醒眼作用。

龙井茶制茶时,温度须保持 90℃～130℃ 之间,过程大约四五小时,而且手不离茶,茶不离手,量少质佳,每名制茶师傅每天仅能制茶三至五公斤。

龙井茶名气大,产量少,故今之龙井茶,除龙井地区所产茶名曰"龙井茶",以西湖为范围出产的茶亦冠以"西湖龙井",以杭州为范围则冠以"杭州龙井",更有以"浙江龙井茶"出现之茶叶。

铁观音

产地:主要产地在福建省安溪县,故又称安溪铁观音。

特色:音韵留甘,耐冲泡。

冲泡后,香气清高馥郁,滋味醇厚甜鲜,入口不久立即转甘,具有特殊的风韵,称之为"铁观韵",简称"音韵"。俗云:"青蒂、绿腹、红娘边,冲泡七道有余香。"此乃称赞"安溪铁观音"最佳写照。

祁红

产地:祁红乃祁门红茶之简称,产于安徽祁门地区。

特色:茶中英豪,以其高香形秀著称。

一九一五年巴拿马国际博览会荣获金牌奖章。祁红以"高香著称",其香味既像砂糖香,又似苹果香,并蕴藏有兰花香,国际市场称之为"祁门香"。

英国人最喜爱祁红,皇家贵族以祁红作为时髦饮品,以祁红茶向女王祝寿。

碧螺春

产地:江苏省苏州市、吴县太湖的洞庭山,又名洞庭碧螺春,亦称苏州碧春。

特色:外形卷曲如毛螺,花香果味得天生,素为茶中之萃,诚谓"吓煞人香"。

碧螺春采摘十分细嫩,采摘标准为一芽一叶初展。即早春茶树所发出的茶芽,刚长成一芽一叶,就及时采下。初展的嫩叶,犹如雀儿的舌头,俗称"雀舌"。

黄山毛峰

产地:安徽黄山。

特色:黄山素以奇松、怪石、云海、温泉著称,号称"黄山四绝"。或曰:松、石、云、泉之外,另一绝则为"黄山云雾茶",亦即黄山毛峰茶。

外形扁稍卷曲,状似雀舌,白毫显露,色如象牙,黄绿油润,带金黄色鱼叶(俗称茶笋),冲泡后雾气凝顶,清香高爽,滋味鲜浓醇,茶汤清澈,叶底明亮,均匀成朵。黄山毛峰耐冲泡,冲泡五六次,香味犹存。

白毫银针

产地:福建省福鼎县及政和县等地。

特色：以和鼎县及政和县的大石茶树春天萌发的新芽制成。由于是茶芽制成茶品之后，形状似针，白毫密被色白如银，因此命名为白毫银针。

白毫银针属白茶类。采摘十分讲究，要求严谨。必须严守"十不采"：雨天不采、露水未干不采、细瘦芽不采、紫色芽头不采、风伤芽不采、人为损伤芽不采、虫伤芽不采、开心芽不采、空心芽不采、病态芽不采。

君山银针

产地：湖南洞庭湖中一个秀丽的小岛——君山。

特色：君山茶分"尖茶"和"兜茶"。

茶树采下的芽叶，要经过拣尖、把芽头及幼叶分开，芽头如箭，白毛茸然，称为"尖茶"。此种焙制成的茶作为贡品，则谓之"贡尖"。拣尖后（即将茶芽拣出），剩下的幼嫩叶片叫做兜茶，制成茶品，称为贡兜，色黑毛少，不做贡品。君山银针茶，外形紧实挺直，金毫密被，色泽金黄光亮，香气高而清纯，滋味爽甜纯厚。

蒙顶茶

产地：四川省名山县、雅安县两县之间的蒙山。

特色：据说是中国最古老的名茶，被称为"茶中故旧，名茶先驱"。

蒙顶茶，是蒙山地区各种花色名茶的统称。唐代开始成为贡品，早期品茗有雷鸣、雾钟、雀舌、鹰嘴、芽白等散茶，后来增加的紧压茶有凤饼、龙团、甘露、石花、黄茶、米芽、万春银叶、玉叶长春等花色品种。

二十世纪初,以生产黄芽为主,称为蒙顶黄芽,此乃当时蒙顶茶的代表。

冻顶乌龙茶

茶地:台湾省南投县鹿谷乡冻顶。

特色:喉韵沉香,被誉为台湾省茶中之圣,它的鲜叶采自青心乌龙品种的茶树,故名"冻顶乌龙"。冻顶,为山名。乌龙,为品种。

上选茶品,外观色泽呈墨绿鲜艳,并带有青蛙皮般的灰白点,茶索紧结弯曲,干茶具有强烈的芳香。冲泡后,汤色略呈柳橙金黄色,有明显清香,近似桂花香,汤味醇厚甘润,喉韵回甘强,叶底边绿有红边,叶中部呈淡绿色。

普洱茶

产地:云南省思茅(现已改名普洱)。

特色:与一般茶叶比较,普洱茶独具风格,目前普洱茶分"散茶"与"紧压茶"两大类。

普洱茶的原料——滇青毛茶,因采摘期不同而分为:

一、春尖茶——清明至谷雨采摘的茶叶。

二、二水茶——芒种至大暑采摘的茶叶。

三、谷花茶——白露至霜降采摘的茶叶。

台湾人趋之若鹜的普洱紧压茶,系以二水茶为主要原料,还要选用不同等级的粗茶,作为里茶(或称包心茶)。紧压普洱有沱茶、饼茶、方茶、紧茶、圆茶等。

制茶过程

自古以来，茶叶因其不同之色泽、外形、产期、制法而分类。

晋朝郭璞所著之《尔雅注》中“早取为茶，晚取为茗”可算史上对茶最早之分类记载了。

茶叶依制造过程中发酵、揉捻、焙火、茶青老嫩之不同制法，造成色香味与风格的差异，而有了不同种类的茶。

一、摘取茶树的嫩叶及嫩芽标准是采“一心二叶”。

二、采回茶叶后，摊开在竹篾上日晒进行萎凋。

三、用高温将茶叶炒熟或蒸熟以停止发酵作用，这个过程叫做“杀青”。

四、再经揉捻的动作，使茶叶汁液渗出附于茶叶上，以便冲泡饮用。

五、焙火分为轻火、中火、重火三种，此阶段影响了茶汤的颜色及透明度。

六、最后如果需要添加香味，可以加入花朵一起熏香。一般有茉莉茶、菊茶、桂茶等。

辨识茶叶良窳

辨别茶叶品质的良窳,可依下列步骤简易、快速研判:

一、眼观茶叶外形

品质良优的茶叶,必须完全干燥、叶形完整、不可有太多茶角、茶梗、黄片或其他杂物。

二、茶索

茶叶揉捻所形成的形态,曰:茶索。好的茶叶,可从茶索来研判,例如龙井茶其茶索为剑片状;文山包种茶呈条形;冻顶茶呈半球形。

三、鼻闻茶香

尚未冲泡的茶叶,先闻其茶香,分辨是属于花香或熟果香;有无油臭味、焦味或其他异味。

四、眼观茶汤颜色

茶汤颜色随发酵程度及烘焙程度轻重而有所区别,但不论茶汤颜色深或淡,都必须是清澈明亮,不能混浊不清或呈灰暗色。

例如龙井茶茶汤应呈明亮的杏绿,或稍带黄绿色;文山包种茶茶汤呈明亮绿色;冻顶茶茶汤呈清亮的金黄色;东方美人茶(椪风茶)茶汤应呈明艳的橙红色。

五、品尝茶汤滋味

茶汤的滋味必须醇和,喝完之后喉头甘润的感觉能持久。

例如龙井茶茶汤爽口;文山包种茶茶汤醇和不苦涩;冻顶茶茶汤滋味醇厚;东方美人茶(椪风茶)茶汤有天然茶果香或近似蜜糖香。

六、审慎叶底

经热水冲泡在壶中已开展的茶叶,曰:叶底。观叶底色泽、茶芽、老嫩、发酵程度,可明白茶叶良窳。

例如龙井茶的叶底是完整而匀嫩的,并呈青翠淡绿色;文山包种茶的叶底色泽应呈鲜绿色,叶片完整柔嫩。

绿茶

如婴儿般;一片绿油油的秧苗,展现旺盛的生命力。

《易经·序卦传》:"有天地然后万物生焉,盈天地之间者唯万物,故受之以屯。屯者,盈也;屯者,物之始生也,物生必蒙,故受之以蒙。"

绿茶干茶时,香气清醇自然,茶汤滋味与龙井茶相似。

青茶

如少年;也是一片活泼有朝气的青青草原。

《易经》第五十二卦☶艮卦,《说卦传》:"艮三索而得男,故谓之少男。"

青茶较轻,烘火亦轻。外观翠绿,茶索紧结自然弯曲。冲泡后茶汤水色金黄鲜艳悦目,香气扑鼻具"香、浓、醇、韵、美"等五大特色。

铁观音茶

阳光茶的代表;是壮年,像丛山、崇山、峻岭。

《易经》第五十一卦☳☳震卦,《说卦传》曰:"震一索而得男,故谓之长男。"

原产地在福建安溪。清朝光绪年间自大陆引至台北木栅。铁观音最具特色是在茶叶未足干时,用方形布块包裹,然后用手在布包外转动揉捻,再放入焙炉,用文火慢慢烘焙,直至外形卷曲紧结,焙至足干。

冻顶茶

如青山,一片森林,树荫盈地;能扛重责大任。

《易经·说卦传》:"坎再索而得男,故谓之中男。"坎者,第二十九卦☵☵坎卦,做人处世有诚信,亨通得吉,终至成功,获得奖赏。

冻顶茶冲泡后,汤色略呈柳橙黄,有明显清香,近似桂花香,汤味醇厚其润,唯韵回甘强。茶汤入口,生津富有活性,经外又耐泡。

红茶

像一片秋天已变红了的枫树林;更如慈祥的妈妈。

《易经》第二卦☷☷坤卦,《说卦传》:"坤,地也,故称乎母。"

红茶属全发酵茶,经过萎凋、揉捻、发酵、干燥而成。

茶汤艳红清澈,香气醇和甘润,滋味浓厚者为上品。

干茶香气类似麦芽香或熟果香。

白毫乌龙

阴柔茶的代表;是一片玫瑰花海,代表着娇艳的女性。

《易经》第五十八卦☱兑卦,《说卦传》:"兑三索而得女,故谓之少女。"

白毫乌龙茶一般茶农称"番庄",西方人称之"东方美人茶"。茶汤水色明亮橙红色,天然熟果香。入口滋味浓厚,甘醇而不生涩,过喉徐徐生津。

普洱

是出家的老和尚,喝普洱茶,如入深山古刹修行。

《易经》第十四卦☲大有卦(佛光照大千、大悲、大智、大喜、大愿)和第二十卦☷观卦均能充分阐述普洱茶的境界。

品茶如老僧坐禅屏除杂念,以养浩然正气。茶之用在提神醒脑,开发智慧,养天地正气,人格趋于圆满。今日世风日下,有识之士更应提倡茶道,让浩然正气,为天地立心,为生民立命,共同创造宇宙继起真、善、美的生命。

喝普洱有与黄色菊花一起冲泡或沸煮,亦有与白色菊花一起者,均称菊普。据说可养肾、养肝。

大红袍

大红袍产于福建武夷山九龙窠岩壁上,一般公认母树仅仅三棵。此三棵母树目前仍受到当地政府严密地保护,平常有一户人家长住在那里专门看管,采摘制造期间,当地政府有关部门的领导必定亲自在现场监制;制好的茶叶,使用每一片茶叶都必须经市长批准。

每年春天采摘三四叶开面新梢,经晒青、凉青、做青、炒青、初揉、复炒、复揉、走水焙、簸拣、摊凉、拣剔、复焙、补火而成。

新茶中含有较多的咖啡因、活性生物碱和未经氧化的多酚类、醛类、醇类以及多种芳香物质,这些物质会使人神经系统兴奋,神经衰弱、心脑血管病患者不宜过量饮用,亦不宜空腹及睡前饮用。新茶宜放置半个月之后饮用为佳。

物以稀为贵,大红袍量少质佳,自古以来售价一直是天位之价。

大红袍的特征是外形茶索紧结,色泽绿褐鲜润,冲泡后汤色橙黄明亮,叶片红绿相间,有绿叶镶红边之美感。

品质最突出之处是香气馥郁,有兰花香,香高持久,岩韵明显,耐冲泡,冲泡七八次仍有香味。

品尝大红袍必须以工夫茶小壶小杯,细品慢尝的方式方能啜其岩茶的韵味。

四季之茶

茶叶依采收季节分类,可区分为春茶、夏茶、秋茶、冬茶。

春茶

春天气候宜人,适合茶树成长。茶叶气味甘甜。

春茶适宜制成不发酵茶或轻中发酵茶。

春天采茶时节又分三个阶段,第一个阶段是"清明"(阳历四月上旬)之前,是采制绿茶最好的时候,每年清明左右常见茶行店门口贴上"明前龙井上市"。明者,清明也。这是宣传早春的绿茶已经上市。

清明之后是青茶揉制的时节。

谷雨以后(阳历四月下旬,已是晚春)则是冻顶、铁观音、水仙、佛手等茶叶采制的时节。

夏茶

夏天气温高,水分充足,茶树成长期短,养分无法充分吸收,故茶叶味道较涩。

初夏采摘的茶叶,以重发酵的茶叶为主。重发酵的白毫乌龙与全发酵的红茶,即在初夏揉制。

值得一提的是,白毫乌龙需要的茶小绿叶蝉也须到初夏时节才出现。

秋茶

秋天植物开始落叶,茶叶味略苦。

冬茶

产量较多,味道香醇。

名称	月份	节气
春茶	4 月～5 月	清明、谷雨、立夏
第一次夏茶(二水茶)	5 月～6 月	小满、芒种、夏至、小暑
第二次夏茶(三水茶)	7 月～8 月	大暑、立秋、处暑
秋茶	8 月～9 月	白露、秋分、寒露
冬茶	10 月～11 月	霜降、立冬
冬片茶	11 月～12 月	小雪
天寒茶叶不长芽,若有,可能出现"雨水茶"(冬三水,不知春)	12 月～4 月	大雪、冬至、小寒、大寒、立春、惊蛰、春分

茶叶依发酵程度分为不发酵茶、部分发酵茶与全发酵茶三种。

不发酵茶:绿茶类,包括碧螺春、龙井、珠茶、眉茶、煎茶、珠芽。

部分发酵茶:青茶类,包括包种、乌龙、铁观音、水仙。

全发酵茶:红茶类。

茶叶中主要成分及其保健功效

最早,茶叶在中国仅作为药材使用,至西汉初期(公元前二〇〇年)方才逐渐普及为饮料,沿至宋朝,茶叶成为饮料的风气才大为流行。如今,茶与咖啡、可可成为世界三大非酒精嗜好性饮料。

茶叶中含有多种保健及机能性成分,因此,茶被视为保健饮料。

茶的一般营养成分包括维生素暨矿物质。这两种物质极其珍贵,但因现代生活多样化,摄取此两项物质的食物充分,因此现今探讨茶叶成分的焦点,集中于茶中具生理功效和保健功效的物质。

儿茶素类:

占干重 10%～30%,俗称单宁,是多元酚类的一种,具有苦涩味,在茶汤中对滋味的影响颇大。决定茶的颜色和含在口中的涩味,都是靠单宁和其他诱导体的作用。儿茶素也是茶汤中的主要成分(占可溶成分 40%～50%)。

儿茶素具抗氧化、抗突然变异、防癌、降胆固醇、降低血液中低密度蛋白质,抑制血压上升、抑制血糖上升、抑制血小板凝结、抗菌、抗食物过敏、肠内微生物相改善、消臭等功效。

儿茶素与重金属相结合成没有溶解性之化合物,可防止有毒物质吸收。茶汤可以去油脂,具减肥效果。

儿茶素并不是一种单一物质,而是由许多种物质混合而成,且容易被氧化,又拥有很强的吸湿性。实验证明,越高级的茶,儿茶素的含量越多。

咖啡因:

占干重 2%～4%,可使中枢神经兴奋,具提神、强心、利尿、抗喘息、代谢亢进作用,并能使冠状动派松弛,预防狭心症。茶叶几乎是在发芽的同时,就已开始形成咖啡因,发芽到第一次采摘时,第一片、第二片茶叶,咖啡因含量最高。相对的,发芽较晚的叶子,咖啡因的含量也依次递减。

儿茶素与咖啡因是茶叶中最重要的两种生理成分。

有些研究报告更认为它们具有药效功能,特别是儿茶素的保健功能更受重视。

黄酮醇类:

占干重 0.6%～0.7%,因具强化微血管功效,使之有韧性,而不致硬化,故可预防高血压。具抗氧化作用,可防止维生素 C 被氧化。实验证明,黄酮醇类可防止血液凝块及血小板成团。

杂链多醣类:

约占干重 0.6%,可抑制血糖上升(抗糖尿症)。

维生素 C:

约占干重 15mg～25mg,可预防坏血病,帮助结缔组织内之胶原蛋白,强化内脏功能,防止亚硝胺产生,具有解毒及防癌作用。

维生素 E:

约占干重 25mg～75mg,防止体内不饱和脂肪酸及其他维生素被氧化,减少人体对氧的需要,因此对癌细胞有抑制作用。

胡萝卜素:

占干重 13mg～29mg,可增强人体对呼吸性感染之免疫力;有助于黏膜之形成与维持。

皂素:

占干重 0.1%,可抗发炎,具防癌效果。

氟:

占干重 90PPM～350PPM,可预防蛀牙。

锌:

占干重 30PPM～75PPM,可保持正常味觉和嗅觉,具抗氧化作用,帮助伤口愈合,增强免疫力。

硒:

占干重 1.0PPM～1.8PPM,与维生素 E 配合,成为有效的抗氧化剂,促成正常的发育与成长。

锰:

占干重 400PPM～2000PPM,是酵素的辅因子,可抗氧化,增强免疫力,协助体内许多酵素产生能量。

饮茶篇

泡茶的步骤

赏茶

将茶叶自茶罐中,以茶匙或茶荷取出,供嘉宾鉴评。意寓主人以挚诚之心请客喝茶,诚信与礼敬表露无遗。《易经》第二十卦☷☴观卦,初六"童观",六二"窥观",六三"观我生",六四"观国之光",九五"观其生,君子无咎"。

温壶

煮开的热水倒入壶中,借以消毒清洗,兼可温壶,俾待会儿泡茶时,茶叶可舒展茶香。温壶的同时亦冲洗壶身、茶海、茶杯。温壶、烫壶身、洗杯及洗茶海的水可倒入茶船或茶盘。

《易经》第三十五卦☲☷晋卦象曰:"顺而丽乎大明,柔进而上行。"

《易经》第五十三卦☴☶渐卦象曰:"渐、渐进也","进得位,往有功也。进以正,可以正邦也。正其位,刚得中也。止而巽,动不穷也。"

易理明示:凡事须渐进,不可躁进,方能"进得位,往有功也"。泡茶妙理,亦复如是。

泡好茶的步骤将《易经》生活化阐述得相当透彻微妙。相对的,《易经》的哲理亦在泡茶文化中发挥得淋漓尽致,相互辉映,妙不可喻。

洗茶叶

茶叶置入壶内,以滚开的水加入后,轻摇茶壶,立即倒入茶海或小茶杯,这一次的茶,通常是不喝的,其主要作用是洗涤茶叶外表的杂物,另有说可洗除农药残余量。另外,也有部分品茗人士或茶农认为可不用洗茶,因为制茶过程中,烘焙温度高达百度以上,应可完全杀菌。同时近年的茶叶用农药均采低毒性、残留期短的药剂。

不过,大部分是将第一次洗茶叶的茶,用来温杯。

洗茶叶,《易经》第四十九卦☲☱革卦,有洗濯心灵,洗心革面之意。第五十卦☴☲鼎卦初六:"鼎颠趾,利出否。"茶经洗濯后,喝起茶安心多了,或曰心理作用,但亦达清心喝茶之境界。

入茶

茶叶入壶的多寡,必须依茶叶的种类、壶的大小、个人口味,依经验法则判断,自行决定。但绝不可将茶叶塞满茶壶,以免茶叶无法舒展,闷不出茶香。

就易理而言,若以《易经》总计六十四卦,代表人生一轮回,严格说来,第六十四卦就应是代表人生圆满的既济卦;可不然,圣人创《易》,将既济卦排在第六十三卦,第六十四卦则为未济卦。它的意涵:

一、人不可自满,满招损,应以第十五卦☷☶谦卦为榜样;更应以首卦☰☰乾卦上九"亢龙有悔"为警惕。

二、自然法则,人之将亡,其实代表圆满,又是新生的开始。

乐观豁达,面对未来(死亡),这不就是佛教的最高境界乎?

《易经》第五十三卦☶☴渐卦象曰:"渐、渐进也","进得位,往有功也。"茶叶放入茶壶内,循序渐进,慢慢置入,适量而止,犹如人生中各项投资付出,适可而止,适中而行,必能获致最大回报。

泡茶

第一泡:经热水洗涤后的茶叶,在壶内已开始逐渐舒展,冲水时,切记不可急快,让水徐徐入壶。热开水入壶达九分满,盖好壶盖后,再由上而下淋冲壶身,一方面让热水由盖顶的小孔注满壶内,兼可保持茶壶内外温度接近,茶叶方可舒展茶香。《茶疏》上说:"沸速则鲜嫩风逸,沸迟则老熟昏钝。"泡茶者除了必须具备有外在纯熟技巧外,更要有内在的怡静心性,亦即思想要贯一,动作要适中,诚谓"大公致中和,允执厥中"。过与不及,迟速之间,均得把握中庸之道,臻于洗涤身、心、灵的功夫。此时,茶船中的热水亦有保温功效。

《易经》第六十一卦☴☱中孚卦象曰:"中孚以利贞,乃应乎天也。"此乃中庸之道最佳诠释。《系辞传》:"一阴一阳之谓道,继之者善也,成之者性也;成性存存,道义之门。"

第二泡:第二泡以后的时间长短,唯到底需多少时间才倒入茶海,则须靠经验或依制茶者所示的时间,以计时器来计量。

续冲泡:第二泡起,每一次的浸泡时间须逐渐延长,并注意其浓度,力求平均。

至于浸泡时间长短,仍须依经验自行决定。

《易经》第五十三卦☶☴渐卦、第五十五卦☳☲丰卦,经验的累积是成功的诀窍。依作者泡茶经验,第二泡茶乃至续冲泡茶,均须各加码十秒钟浸泡时间,方能闷出茶香与韵味。

倒茶　奉茶　品茗

由茶海倒入喝茶者的闻香杯内,宾客再自行倒入茗杯。宾主之间距离近时,主人可立即请用茶;距离远些,可以杯盘端杯待客,由右而左,依次奉茶。

宾客喝茶前,先执闻香杯深闻茶香,称赞主人茶艺与上等好茶,再举杯入口。此际,既观茶色,且闻茶香,又品茶味,堪称色香味俱全。

为感应喉韵之甘,务请细细品味,勿燥急。茶入口后,在口内稍停几秒钟,让口、鼻、舌的味觉细胞充分感受茶香,实为人生一大乐事!《易经》第二十七卦▤▤颐卦:"贞吉,观颐,自求口实。"《庄子》:"左手据膝,右手持颐以听。"颐乃"养"之意,更有调整的意境。

茶桌上宾主进退礼仪,《易经》第十卦▤▤履卦有实践和行动的意思。而行动与实践必须以"礼"为行为准则,行为要有"礼"与"理",臻于"行乎礼,止乎理"的境界。

观叶貌

冲泡六七次之后,若茶汤已有水味,表示此泡茶叶该换了,或者换新茶叶,或者结束品茗宴。

此时主人可将茶船的水倒出,把冲泡的茶叶取出,供宾客观赏茶叶原貌,行家亦可由此窥出茶之等级。

《易经》第二十卦▤▤观卦:"盥而不荐,有孚颙若。"以诚敬的心观察事物,不论大范畴观览,或小细微查看;不论由上而下俯视,或由下而上仰视,均得认真仔细,必能得出结果。

珍藏茶具

清洗茶具使用清水即可，切勿使用含化学成分之清洁剂，以免再使用时破坏茶的香味。

万物循环轮回，圣人作《易》，第六十三卦☲☵既济卦，凡事并非最终者为圆满，圣人以第六十四卦☵☲未济卦作为圆满卦，代表未来式，充满希望，生机无穷。珍惜现在，寄望未来。

享受饮茶乐趣

  历史上抒怀饮茶最高境界的文人雅士,当称唐代诗人卢仝。卢仝《七碗茶歌》传唱千年而不衰,将饮茶的愉悦与美感发挥得淋漓尽致。

  《七碗茶歌》即《走笔谢孟谏议寄新茶诗》,这是卢仝在白天酣睡之时,收到孟谏议派人送来的用白绢密封并加三道印泥的新茶,心中欢忻万分,又感叹新茶采摘与烘制的辛劳,以及新茶首先供应王公贵族,平常百姓得之极为不易。于是,在品尝了新茶后,精彩地描述了品茶的绝妙感受。

  这首《七碗茶歌》历经宋、元、明、清各代,传唱千年,历代文人茶客品茗咏茶时,屡屡吟及。

  《七碗茶歌》全文如下:

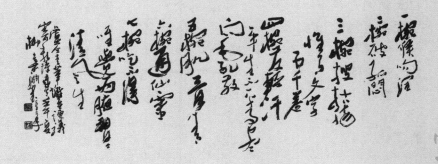

一椀(同"碗")喉吻润,两椀破孤闷。三椀搜枯肠,惟有文字五千卷。四椀发轻汗,平生不平事,尽向毛孔散。五椀肌骨清,六椀通仙灵。七椀吃不得,惟觉两腋习习清风生。

此一旷世茶诗,描写诗人刚饮一碗,便觉喉舌生润,干渴顿解;两碗下肚,胸中孤寂全消;三碗之后,精神倍增,满腹经纶油然而生;四碗饮后,身上汗水渐渐冒出,平生不愉快之事,全然随着毛孔散发出去了;喝了第五碗,浑身舒畅万分;第六碗喝了之后,仿佛进入了仙境,浑然飘飘如仙;第七碗可不能再喝了,此刻,只觉两腋生出习习清风,飘飘然,悠悠状,飞升青天而去了……

卢仝,号玉川子,生于公元七百九十五年,卒于公元八百三十五年,唐代济源人(今属河南省),系唐初"诗坛四杰"之一卢照邻先生的嫡孙。自幼聪慧好学,又博览群书,诗风尤为特别,人称"卢仝体"。

唐宪宗壬辰年(公元八百一十二年),卢仝年方十七,赴赵州求学,极其幸运地邂逅禅宗巨擘又是茶学大师的从谂禅师。在大师的开示下,领悟了"茶里乾坤大,壶中日月长"以及"杯里悟人生"的哲理。

中国茶叶史上,卢仝被尊称为茶之"亚圣",再尊奉为"茶仙",是继陆羽、白居易之后,第三位伟大的茶人。

旋以北宋期间,坊间将全套茶具以卢仝之号而命名,称为"大玉川先生",可谓"人以诗名,茶以诗贵",足见卢仝对茶学的贡献。

斗茶与《易经》比卦

斗茶肇自唐代,兴于宋代

茶圣陆羽《茶经》曰:"茶之为饮,发乎神农氏,闻于鲁周公。"考之以史,茶文化蔚成风气则在唐朝。

在茶文化的发展过程中,"斗茶"以其特殊的历史背景,为茶文化添加了极其重要的意涵。

斗茶,又称茗战,也就是品茗比赛。唐代贡茶制度建立之后,湖州紫笋茶和常州阳羡茶被列为贡茶,这两州的刺史每年都会在两州毗邻的顾渚山境会亭举办盛大茶宴,邀请社会精英名流共同品尝并审定贡茶的品质。

据传,唐代宝历年间,诗仙白居易担任苏州刺史时,因病无法出席湖州暨常州刺史联名邀请的茶宴,特别赋诗一首表达惋惜暨歉意之情,也记载了当时制茶和斗茶的意境。

夜闻贾常州崔湖州茶山境会亭欢宴

遥闻境会茶山夜,珠翠歌钟俱绕身。

盘下中分两州界,灯前各作一家春。

青娥递午应争妙,紫笋齐尝各斗新。

白叹花时北窗下,蒲黄酒对病眠人。

这足证斗茶文化肇自唐代。

　　旋以，宋代因茶宴的盛行，民间制茶的兴盛，饮茶方式"苟日新，日日新，又日新"，促进了品茶艺术的发展，于是民间斗茶应运而生。

　　不过，虽然民间也兴起斗茶，但基本上，斗茶被重视仍来自贡茶。因为地方官吏为博取君王欢愉，处心积虑筛选好茶进贡朝廷，从比试茶中觅寻好茶。

　　在朝野倡行斗茶风气中，相对地也感染了唐宋两代的文人雅士加入此行列。他们以诗赋赞叹斗茶，也有以组织行动结合斗茶人士组成社团相互切磋，联络情感。

　　五代词人和凝，官拜左仆射、太子太傅，封鲁国公。《清异录》记载：和凝在朝时，成立斗茶团体，取名"汤社"。"汤社"的创立，开创了宋代斗茶风气的先河。

　　前述，斗茶文化的产生、兴起、被重视，主要出自贡茶；范仲淹、苏轼两大文学家都曾为文譬喻。

　　范仲淹《和章岷从事斗茶歌》：

> 北苑将期献天子，
> 林下雄豪先斗美。

　　苏轼《荔枝叹》：

> 君不见武夷溪边粟粒芽，
> 前丁后蔡相笼加。
> 争新买宠各出意，
> 今年斗品充官茶。

门茶评比标准：茶汤、水痕

门茶茶品以"新"为贵，斗茶用水以"活"为上。胜负的标

准:一斗汤色,一斗水痕。

茶汤色泽标准,先看茶汤是否鲜白,纯白者为优胜,青白、灰白、黄白为输。

一般认为,茶汤是茶的采制技艺的反映。茶汤纯白,表示茶采时肥嫩,制茶技术恰到好处;色偏青,说明蒸时火候不足;色泛灰,说明蒸时火候已过;色泛黄,说明采制不及时;色泛红,是烘焙过了火候。

复次,观看汤花持续的长短。

宋代饮茶以团饼茶为主。饮用前,先将团饼茶碾碎为粉末,若是碾粉细腻,点汤、击拂都恰到好处,汤花就匀细,可以紧咬盏沿,久留不散。相对的,如果汤花泛起后很快消散,不能咬盏,盏面便露出水痕。因此,水痕出现的迟早就成为判断茶汤优劣的依据。

是以,水痕晚出者为优胜,水痕早出者为劣败。

活水还须活火烹

斗茶,不仅要茶新、水活,用火也相当讲究。

陆羽《茶经·五之煮》:"煮茶其火用炭,次用劲薪。"温庭筠《采茶录》:"茶须缓火炙,活火煎。活火谓炭火之有焰者。当使汤无妄沸,庶可养茶。始则鱼目散布,微微有声。中则四边泉涌,累累连珠;终则胜波浪鼓,水气全消,谓之老汤。三沸之法,非活火不能成也。"苏轼《汲江煎茶》:"活水还须活火烹。"《试院煎茶》:"贵从活火发新泉。"

根据古人的经验,烹茶的燃料性能要好,火力适中而持久;燃料中更不可有烟和异味。可见,沾染油污的炭、木材,或腐朽的木材,是不宜做燃料用来烹茶的。

《斗茶图》见证历史

古代斗茶的情景绘画成图流传至今，最有名者，乃元代著名书画家赵孟頫的《斗茶图》。

这是一幅充满生活味道的风土民情图画，共画有五个人物，身边放着几副盛有茶具的茶担。

左前一人足穿草鞋，一手执杯，一手提茶桶，袒胸露臂，满面得意，似乎自我夸赞己有的茶叶是优质茶叶。

身后一人，卷起双袖，一手提壶，一手执杯，正将壶中茶汤注入杯中。

右旁站立三人，双眼目视前方二人，若有所思，似观察，又像准备提出自己的茶叶展现特色，击倒对方。

依图中所绘人物看，是一般市井小民，可见斗茶风气已深入民间。

现代茶叶评比

现代斗茶已经衍化为多元化茶活动。福建安溪县西坪镇是铁观音茶的故乡，该地区评比"茶王"极负盛名。台湾地区各产茶区每年也都有各种茗茶的比赛活动，得奖的茶叶身价非凡。各地农会也不定期举办茶文化的活动，展示古老农具以及茶叶相关产品来传承茶文化。同时也有儿童泡茶教学。

《易经》比卦

《易经》第八卦比卦，所以名比者，以象众人比并之意。比，相比也。比，须同类相比，如甲比乙，一经比，至少有两个以上，方得谓之比，亦谓朋比，或曰：比拟。

比者，要有方法明辨，要公正无私，方能孚于众，故《论语·为政》子曰："君子周而不比，小人比而不周。"

古之斗茶，今者评比，皆求优劣胜负，也必制定规则，众人相比，恭请专业且德高望重人士评审，人人欢忭，皆大欢喜，朋比为亲。

《易经》本文要义注释

乾 重 乾上
乾 乾下

乾： 元、亨、利、贞。

彖曰： 大哉乾元！万物资始，乃统天。云行雨施，品物流行，大
明终始。六位时成，时乘六龙以御天。乾道变化，各正
性命，保合太和，乃利贞。首出庶物，万国咸宁。

象曰： 天行健，君子以自强不息。

初九： 潜龙勿用。
象曰： 潜龙勿用，阳在下也。

九二： 见龙在田，利见大人。
象曰： 见龙在田，德施普也。

九三： 君子终日乾乾，夕惕若厉，无咎。
象曰： 终日乾乾，反复道也。

九四： 或跃在渊，无咎。
象曰： 或跃在渊，进无咎也。

九五： 飞龙在天，利见大人。
象曰： 飞龙在天，大人造也。

上九： 亢龙有悔。
象曰： 亢龙有悔，盈不可久也。

用九： 见群龙无首，吉。

象曰：用九，天德不可为首也。

乾： 纯阳之体，伏羲圣人一画（"▬▬"阳爻）开天，象征宇宙纯阳之气，而后创三画卦☰，三阳爻相聚于上，是为天；再画为六画卦☰，上下卦均代表阳之气，称为重天，亦称重乾。

乾卦的基本要义

1.《易经》圣人以重乾代表无穷尽的天。重乾是由太极演化而来（《序卦传》曰："有太极然后有乾坤。有乾坤然后天地之位定焉，故受之以乾坤始焉。"）。

2.乾为动，为先，为体，为刚，为圆。

3.乾卦六爻均以龙代表大自然的变化，象征人生造化的理则（九三暨九四虽未言明龙，但实际仍是龙）。

4.乾卦以天体运行，昼夜寒暑，循环不已，说明大自然（天）的恒久与常规定律，是为万事万物师法的对象。

5.乾为阳物。《易经》圣人继乾之后，以"▬▬"代表阴物，阴阳合体，肇生万物。孔子以"一阴一阳之谓道"说明"孤阴不生，独阳不长"之理。

6.十二辟卦：乾为农历四月。万物开始生长。

7.元亨利贞四德光，六龙居位天苍苍；手握乾刚覆四海，雷震风萧傲八方；日月为我发霞彩，山高金仰恩泽长；雄才居此当大位，女命得之难伸张。

8.奇谋才华暂收藏，违背天理必遭殃；一旦拨云青天见，前途名利如探囊。

9.想摘桂冠树太高，要求龙珠海又深；功名利禄不足贵，唯恐惰怠心不恒。

坤　重 坤上 坤下

坤： 元、亨、利牝马之贞。君子有攸往,先迷后得,主利,西南得朋,东北丧朋,安贞吉。

彖曰： 至哉坤元!万物资生,乃顺承天。坤厚载物,德合无疆,含弘光大,品物咸亨。牝马地类,行地无疆,柔顺利贞。君子攸行,先迷失道,后顺得常。西南得朋,乃与类行;东北丧朋,乃终有庆。安贞之吉,应地无疆。

象曰： 地势坤,君子以厚德载物。

初六： 履霜,坚冰至。

象曰： 初六履霜,阴始凝也;驯致其道,至坚冰也。

六二： 直方大,不习无不利。

象曰： 六二之动,直以方也;不习无不利,地道光也。

六三： 含章可贞,或从王事,无成有终。

象曰： 含章可贞,以时发也;或从王事,知光大也。

六四： 括囊,无咎,无誉。

象曰： 括囊无咎,慎不害也。

六五： 黄裳元吉。

象曰： 黄裳元吉,文在中也。

上六： 龙战于野,其血玄黄。

象曰： 龙战于野,其道穷也。

用六： 利永贞。

象曰： 用六永贞。以大终也。

坤： 纯阴之体，伏羲圣人以一画（"▬▬"阴爻）辟地，象征宇宙纯阴之气，阴爻衍化为三画卦☷，三阴爻相聚于下，是为地；再画为六画卦䷁，上下卦均代表阴之气，称为重地，亦称重坤。

坤卦的基本要义

1.《易经》圣人以重坤代表大地，以大地来承载万事万物。象征大地应天时，成育万物，运行不息，是为万物之终点，亦为道之达用。

2.坤为静，为后，为用，为柔，为方。以承续乾天之体。

3.坤卦与乾卦同样具备有"元、亨、利、贞"的理象，但坤道阴柔，利于顺天成物，像母马依恋公马，故曰"元、亨、利牝马之贞"，以有别于乾卦"元、亨、利、贞"。

4.坤卦系属被动，用马作为比喻，有别于乾卦的主动，乾卦必须主动，像龙一般地往前奔，往上冲刺。

5.坤卦主阴，乾卦主阳。乾、坤二卦是生化之根，万物之母，故二卦皆曰"元"，乾卦称乾元，坤卦曰坤元。宇宙有乾坤之时，已分阴阳之气，坤元与乾元，同为万物的根本。

6.十二辟卦：坤为农历十月。阴气渐凝。

7.鱼儿产卵浮水面，杨花秋深满路旁；佳人双双集美玉，阴道得地更翩翩。

8.厚德可载物，承天顺则昌；牝马行地远，随后道尤光。

9.西南阴道集，姊妹常相会；相会日时短，于归各有期；东北见雄风，雌雄两相益；相益必有丧，造物延生息；丧朋何须忌，生息凶化吉。

屯　水　震上
　　　雷　坎下

屯：　元、亨、利、贞，勿用有攸往，利建侯。

彖曰：屯，刚柔始交而难生，动乎险中，大亨贞，雷雨之动满盈，
　　　天造草昧，宜建侯而不宁。

象曰：云雷，屯，君子以经纶。

初九：磐桓，利居贞，利建侯。
象曰：虽磐桓，志行正也；以贵下贱，大得民也。

六二：屯如邅如，乘马班如，匪寇婚媾，女子贞不字，十年乃字。
象曰：六二之难，乘刚也；十年乃字，反常也。

六三：即鹿无虞，唯入于林中，君子几，不如舍，往吝。
象曰：即鹿无虞，以从禽也；君子舍之，往吝穷也。

六四：乘马班如，求婚媾，往吉，无不利。
象曰：求而往，明也。

九五：屯其膏，小贞吉，大贞凶。
象曰：屯其膏，施未光也。

上六：乘马班如，泣血涟如。
象曰：泣血涟如，何可长也。

屯：　万物始生，开始之象。难也，草木初生，屯然而难，象征
　　　初生的艰难坎坷。屯垦开荒。盈满。屯积。根本。

屯卦的基本要义

1. 屯字"一"为地表层，"口"的中心"·"为草木种子，种子萌芽为"屮"，上为穿地而出，下为细根往下贯入土壤中之象。盖穿地而出的芽，细嫩脆弱，不堪强风急水冲击，必须细心呵护，是为难以照顾之时期，故曰："屯者，难也。"

2. 东汉许慎《说文解字》："屯，难也。草木之初生，屯然而难，屮贯一屈曲也。一地也。"屯为生的艰难。

3. 万物始生均艰难，但终究将走过艰难期，迎向成长，在刚萌芽出生的阶段，必须利用此一静态的时机，积极准备，自强不息，终必能达到成功境界。

4. 乾卦是主卦，以"元、亨、利、贞"四德为用，是天，是始卦，包罗万象。屯卦是从卦，非主卦，不能包罗万象，必须"有攸往，利建侯"加以限制，是故屯卦是有局限的，就像社会结构一般，层级与权责是互为体用的关系，不可恣意而为。

5. 乾为纯阳，坤为纯阴，屯卦是乾坤阴阳始交的卦，是阴阳二气所化生的，为万物始生。

6. 天下屯难心忡忡，经纶贤士好出头；鹤立鸡群坚意志，济渡群生在此俦。

7. 谦诚不恤多，自愿入网罗；登高一声吼，万众皆应诺；执戈扫狂徒，从此定风波。

蒙　山　艮上　水　坎下

蒙亨,匪我求童蒙,童蒙求我。初筮告,再三渎,渎则不告,利贞。

彖曰：蒙,山下有险,险而止,蒙。蒙亨,以亨行时中也；匪我求童蒙,童蒙求我,志应也；初筮告,以刚中也；再三渎,渎则不告,渎蒙也；蒙以养正,圣功也。

象曰：山下出泉,蒙,君子以果行育德。

初六：发蒙,利用刑人,用说桎梏,以往吝。
象曰：利用刑人,以正法也。

九二：包蒙吉,纳妇吉,子克家。
象曰：子克家,刚柔节也。

六三：勿用取女,见金夫,不有躬,无攸利。
象曰：勿用取女,行不顺也。

六四：困蒙,吝。
象曰：困蒙之吝,独远实也。

六五：童蒙,吉。
象曰：童蒙之吉,顺以巽也。

上九：击蒙,不利为寇,利御寇。
象曰：利用御寇,上下顺也。

蒙： 童蒙。蒙昧。蒙蔽。相互阻隔。有障碍。开物成务。

蒙卦的基本要义

1.《易经》六十四卦中具体谈教育的卦。

2.童蒙时期经由教育,由蒙而明,由童入圣,则人合天,提升境界。

3.蒙字上有艹,下有冖(冒),中藏豕,艹代表草昧,冖代表被蒙蔽,中如猪之蠢蠢欲动。蒙卦言教育昏昧,启发童蒙,使之得以养正。

4.《易经》六十四卦之变用,始于蒙卦。

5.蒙卦的卦象与屯卦的卦象,是对待的状态,亦称之为综卦,也称反卦。屯、蒙二卦,实为一卦,屯为阳之正,蒙为阳之变,易理变则阴,故蒙为阴,阴则止,欲行且止,欲流不移,是为蒙之象。

6.稚龄童子本无知,自当要我决嫌疑;一问再问还要问,亵渎圣教罪恶深;希望儿童走正道,改弦易辙方有成。

7.隔岸惊晓不成危,木尽烟消总成灰;阳气复来三开春,冰雪含笑赏江梅。

8.泉水出山本无方,向东向西随沟渠;喜怒呜咽经陶冶,近墨者黑朱者赤;如无圣教育我德,必然荒废此一生。

需　水 坎上
　　天 乾下

需：　有孚，光亨贞吉，利涉大川。

彖曰：需，有孚，光亨，贞吉。需，须也，险在前也，刚健而不陷，其义不困穷矣。位乎天位，以正中也；利涉大川，往有功也。

象曰：云上于天，需，君子以饮食宴乐。

初九：需于郊，利用恒，无咎。
象曰：需于郊，不犯难行也；利用恒，无咎，未失常也。

九二：需于沙，小有言，终吉。
象曰：需于沙，衍在中也；虽小有言，以吉终也。

九三：需于泥，致寇至。
象曰：需于泥，灾在外也，自我致寇，敬慎不败也。

六四：需于血，出自穴。
象曰：需于血，顺以听也。

九五：需于酒食，贞吉。
象曰：酒食贞吉，以中正也。

上六：入于穴，有不速之客三人来，敬之终吉。
象曰：不速之客来，敬之终吉；虽不当位，未大失也。

需：　等待。盼望。需要。相离。

需卦的基本要义

1. 水在天上，为云，为水气，必待天气条件成熟，方能下雨，泽被地上万物万象，故需卦有"等待"之义。

2. 等待下雨的殷切心情，是为"盼望、期待"之义。

3. 万事万物盼望能得到雨水的滋润，是一方有"需要"之义。

4. 需为天地生化之原始，天既生物，必有以养之、育之，以全其生。若有生无育，有身无养，不独无以全其生，亦无以延其类。而养除了养口、养身之外，更要养德、养心、养性、养精气。

5. "需"字上为雨，下为而，而为"天"字之形，古字天为禾，上雨下天，与卦象上坎下乾义同，易圣根据卦象，取名为水天需卦。

卦象：需卦上坎为水，下乾为天，水天一气，水在天上，待天候条件成熟而成雨落到地上，滋润万物。

6. 贤哲遇险慎趋前，等待机宜自悠闲；诚信物与光辉照，漂洋解难一瞬间。

7. 有道还要好时机，预防妖魔致突如；乘龙卸马闲舆卫，有备无患驱强敌。

讼　天　乾上
　　水　坎下

讼：　　有孚，窒、惕。中吉，终凶。利见大人，不利涉大川。

彖曰：　讼，上刚下险，险而健，讼。讼，有孚，窒、惕、中吉，刚来而
　　　　得中也。终凶，讼不可成也。利见大人，尚中正也；不利
　　　　涉大川，入于渊也。

象曰：　天与水违行，讼，君子以作事谋始。

初六：　不永所事，小有言，终吉。
象曰：　不永所事，讼不可长也；虽小有言，其辩明也。

九二：　不克讼，归而逋，其邑人三百户，无眚。
象曰：　不克讼，归逋窜也；自下讼上，患至掇也。

六三：　食旧德，贞厉，终吉。或从王事，无成。
象曰：　食旧德，从上吉也。

九四：　不克讼，复即命，渝，安贞吉。
象曰：　复即命，渝，安贞不失也。

九五：　讼，元吉。
象曰：　讼，元吉，以中正也。

上九：　或锡之鞶带，终朝三褫之。
象曰：　以讼受服，亦不足敬也。

讼： 言于公。《易经》圣人于需卦之后，序排讼卦，诚因饮、食必有争；既争，必找公正人调处，"言"于"公"是也。古者，公正之人，必是德孚众望之贤者。

讼卦的基本要义

1. 兴讼者，为形而下之人，上卦为乾，为天，象征天之气，清高；下卦为坎，为水，象征水往下流，形而下，随波逐流。两者理念不同，必争讼，是为道不同，志不合之象。

2. 立身处世，以和为贵。

3. 兴讼（争讼）之人，往往具有"自以为是"的性向。依卦象言，上有阳刚，下为阴险；上为天，下为水，水与天代表与天地距离远，故水天有"相悖离"之意，也比喻极端。兴讼（争讼）之人，则是既聪明刚健，又有坎之陷险，两者兼具的情况下，才会兴讼。此处之陷险其实有富于冒险冲动之意。

因为若聪明刚健而不具冒险犯险的个性，不会兴讼；再者，具冒险犯险的个性，若生性愚钝，也不会兴讼，以上两种人不轻易兴讼，自然无不利。反之，聪明刚健又具有冒险，挑战坎险的人才会兴讼，既兴诉，必如象辞所言："不利涉大川，入于渊也。"意味着下卦坎易陷入险境，如涉大川，将坠于渊，不可自拔。虽自以为是，其实非是。二十世纪七十年代，中国台湾台南"地方法院检察处"（现更名为"检察署"），一名周姓法警在值班时，每遇欲来兴讼按铃者，即以"法"、"院"两字（由他自行解读的意义）规劝按铃者，凡事可协调，不一定要上法院，以免徒然浪费人力、财物、伤耗精神，延误生机。

周姓法警对"法"、"院"两字的解读是：法字，去掉了左边的"氵"部首，即为"去"；院字，去掉了左边的"阝"部首，即为

"完",去与完均表示不吉祥的字眼！周法警的功德无量！颇值得好讼者引为殷鉴。

4. 止讼之道,在于"作事谋始"。讼卦象曰:"天与水违行,讼,君子以作事谋始。"

依卦象,乾天在上卦,阳气往上升,坎水在下卦,阴气往下降(水往下流),易圣以此象,象征人情相悖,讼端必起。若诉讼两造能深切体会各人之理念,必有差异,若能异中求同,必能和平无争,止于讼。是故,兴讼之初念,能有深思远虑,不使双方乖违走至极端,自然不兴讼。

5. 天上水下各有方,坚持己路起刑伤;警惕内在知畏惧,两相退让智虑长;修德守分和为贵,恩怨是非搁一旁;气急败坏多偾事,远离势利自明良;悲天悯人圣贤诲,度此蠢才到天堂。

师　　地 坤上
　　　　水 坎下

师：　贞，丈人吉，无咎。

彖曰：师，众也；贞，正也；能以众正，可以王矣；刚中而应，行险而顺，以此毒天下，而民从之，吉，又何咎矣。

象曰：地中有水，师，君子以容民畜众。

初六：师出以律，否臧凶。
象曰：师出以律，失律凶也。

九二：在师中吉，无咎，王三锡命。
象曰：在师中吉，承天宠也；王三锡命，怀万邦也。

六三：师或舆尸，凶。
象曰：师或舆尸，大无功也。

六四：师左次，无咎。
象曰：左次，无咎，未失常也。

六五：田有禽，利执言，无咎。长子帅师，弟子舆尸，贞凶。
象曰：长子帅师，以中行也；弟子舆尸，使不当也。

上六：大君有命，开国承家，小人勿用。
象曰：大君有命，以正功也；小人勿用，必乱邦也。

师：　众。聚。合群以御侮。战争。发蒙之师长，合聚之众人。

师卦的基本要义

1.讼事争端不能决,终必诉诸武力,故须储备战力以攻克对方。

2.讼虽有二解:军队(战争)与师长,但基本上大都指合群(军队)以御侮(战争)。

3.师之道,以正为本;兴师动众之前提,必以冤讼无解,或国家蒙难,为安身立命,保家卫国,方能师出有名,聚众而战。

4.领导者须具备刚健之德;统师众人,德孚众望,调和鼎鼐,深得民心,方能号召群众,聚散有伍,终究得胜。

5.防范未然。师卦于讼卦之后,易圣有警惕世人,以战止战的用意。盖兴讼之初,若能预知讼未解则必动武,必有凶事,智者应即时刹车免生争端。君王平时嘉惠于民,国难时,民可保家卫国。

6.众口欢呼掌军令,无心插柳柳成荫;尽管千钧在两肩,老将笑傲饮龙城。

7.手持军符登将台,巨灵领众定家邦;仰空长啸惊万里,声威响处彻天庭。

8.正德正道毒天下,狂涛当前志愈坚;斧铖金戈扫群魔,虽千万人我独行。

比　水 ☵ 坎上
　　 地 ☷ 坤下

比： 吉，原筮，元永贞，无咎。不宁方来，后夫凶。

彖曰： 比，吉也。比，辅也，下顺从也。原筮，元永贞，无咎，以刚中也；不宁方来，上下应也；后夫凶，其道穷也。

象曰： 地上有水，比。先王以建万国，亲诸侯。

初六： 有孚，比之无咎。有孚盈缶，终来有他，吉。
象曰： 比之初六，有他吉也。

六二： 比之自内，贞吉。
象曰： 比之自内，不自失也。

六三： 比之匪人。
象曰： 比之匪人，不亦伤乎！

六四： 外比之，贞吉。
象曰： 外比于贤，以从上也。

九五： 显比，王用三驱，失前禽，邑人不诫，吉。
象曰： 显比之吉，位正中也；舍逆取顺，失前禽也。邑人不诫，上使中也。

上六： 比之无首，凶。
象曰： 比之无首，无所终也。

比： 亲比也。众所亲附而上亦亲下，曰比。亲辅。相比较。

比卦的基本要义

1.《序卦传》云："众必有所比，故受之以比。"比卦序排于师卦之后，师者，众也，众聚人多，欲众志成城，人与人必得相亲，方能成就大事。

2. 比卦谈相亲相爱，互为依存，相互合作。

3. 易圣以地上有水，形容水与地是最亲密的关系，不论地有多污秽，水必往地下流，毫不嫌弃。象征君王与诸侯、政府与人民、父母与子女、夫妇、邻居都应相亲相爱，有不可分离的关系。

4. 上坎有险难之象，下坤则归于和顺平静。

5. 比字，象形为"两人肩并肩"，亲热、亲爱之象。

6. 比卦初、二、三、四爻代表凡夫，自动亲近五爻天位，象征五爻率领初、二、三、四爻亲近天道。

7. 建国安邦亲牧侯，和民欣羡不忘忧；群鸿列阵飞宵汉，彩凤振翅南溟游；诚笃相与真情见，尔虞我诈岂能休；徘徊迟疑相望远，结好已竟晚成仇。

8. 人众口舌多，金樽或起波；污泥虽不染，笃实最可歌。

小畜

风 ☴ 巽上
天 ☰ 乾下

小畜：亨。密云不雨，自我西郊。

彖曰：小畜，柔得位而上下应之，曰小畜。健而巽，刚中而志行，乃亨。密云不雨，尚往也。自我西郊，施未行也。

象曰：风行天上，小畜，君子以懿文德。

初九：复自道，何其咎，吉。
象曰：复自道，其义吉也。

九二：牵复，吉。
象曰：牵复在中，亦不自失也。

九三：舆说辐，夫妻反目。
象曰：夫妻反目，不能正室也。

六四：有孚，血去惕出，无咎。
象曰：有孚惕出，上合志也。

九五：有孚挛如，富以其邻。
象曰：有孚挛如，不独富也。

上九：既雨既处，尚德，载妇贞，厉。月几望，君子征凶。
象曰：既雨既处，德积载也；君子征凶，有所疑也。

小畜：风在天上。聚止。待机俟动也。

小畜的基本要义

1. 小畜卦象征风云飘浮在天空中, 集中成乌云密布, 但尚未有降雨的现象。说明一切事物尚在含蓄蕴藏之中, 必须等候条件成熟才能达到目标。

2. 风行天上, 慢慢结集云气; 世人进德修业, 必得先修身养性, 实践道德言行, 方能成贤成圣。

3. 涵养、教养。

涵养: 外表的修养、修持。

教养: 内在的美德。

4. 畜止: 止君之恶, 扬君之善。

抑恶扬善, 发扬人性的光明面。

5. 培养。

君子应以德配天地, 与天地合其德, 臻于"人能常清静, 天地悉皆归"。

6. 旱魃肆虐云霭灰, 五谷枯槁心意悲; 君子乾乾懿文德, 尤待东岭一声雷。

7. 云散轻风徐, 寒溪曲处深; 音书传千里, 水畔见蜻蜓。

履　天　乾上
　　泽　兑下

履虎尾,不咥人,亨。

彖曰:履,柔履刚也,说而应乎乾,是以履虎尾,不咥人,亨。刚
中正,履帝位而不疚,光明也。

象曰:上天下泽,履。君子以辨上下,定民志。

初九:素履往,无咎。
象曰:素履之往,独行愿也。

九二:履道坦坦,幽人贞吉。
象曰:幽人贞吉,中不自乱也。

六三:眇能视,跛能履,履虎尾,咥人,凶,武人为于大君。
象曰:眇能视,不足以有明也;跛能履,不足以与行也;咥人之
凶,位不当也;武人为于大君,志刚也。

九四:履虎尾,愬愬,终吉。
象曰:愬愬终吉,志行也。

九五:夬履贞厉。
象曰:夬履,贞厉,位正当也。

上九:视履考祥,其旋元吉。
象曰:元吉在上,大有庆也。

履:　践也。理也。礼也。人所履之道也。

履卦的基本要义

1.以做人的立场论：应步步踏实，脚踏实地处世做人。

2.以修道的角度论：礼节，礼仪，制度的规范。

3.履，上尸下復，尸上加"丶"为户，像外在之壳，引申为宇宙，比喻足踩宇宙任何一处，须敬天，须礼敬诸佛菩萨。

4.履者，落实之义，强调步步安乐实；礼敬圣贤，如孔子赴洛阳问礼于老子。

5.履卦是由泰卦六爻衍化而来，研究履卦须以泰卦上六为殷鉴。

6.脚踏虎尾不咬人，喜悦柔和献殷勤；权重势大居位高，犹如深山藏虎群；饿虎出匣举世怕，擒虎伏龙须用心；强烈手段最忌讳，软实力才会得逞。

泰　地 坤上
天 乾下

泰：　小往大来，吉，亨。

彖曰：　泰，小往大来，吉亨，则是天地交而万物通也，上下交而
　　　　其志同也。内阳而外阴，内健而外顺，内君子而外小人，
　　　　君子道长，小人道消。

象曰：　天地交泰，后以财成天地之道，辅相天地之宜，以左
　　　　右民。

初九：　拔茅茹，以其汇，征吉。
象曰：　拔茅征吉，志在外也。

九二：　包荒，用冯河不遐遗，朋亡，得尚于中行。
象曰：　包荒，得尚于中行，以光大也。

九三：　无平不陂，无往不复，艰贞无咎，勿恤其孚，于食有福。
象曰：　无往不复，天地际也。

六四：　翩翩不富，以其邻，不戒以孚。
象曰：　翩翩不富，皆失实也；不戒以孚，中心愿也。

六五：　帝乙归妹，以祉元吉。
象曰：　以祉元吉，中以行愿也。

上六：　城复于隍，勿用师，自邑告命，贞吝。
象曰：　城复于隍，其命乱也。

泰： 通。顺。上下交。小往大来。开泰。处泰。

泰卦的基本要义

1. 泰者，通也，顺也，通达也。象征风调雨顺，无为而治，以贵下贱。

2. 泰字的文字衍化如下：

① 大 ——加"、"——→ 太 ——众人皆顺——→ 泰。

②三人有水曰泰，象征众人（三者为众）均得活水，春天已来临，大地复苏，欣欣向荣，描写家庭、团体中一团和气，是为太平盛也。

3. 泰有"特别"、"过甚"、"超过于"之意。

4. 泰卦有通达无阻之意，是为通泰。

5. 泰卦强调上下交通。天地交四时不忒，君臣交国运昌隆，圣贤交道义兴，事物交凡事成功，男女交生生不息，师生交口诀可传。

6. 十二辟卦：泰为农历正月。冬尽春来。

7. 通达无阻，万事亨通，三阳开泰，处之泰然，长治久安，世界太平，尧天舜日，亨通和谐，小往大来，持盈保泰，天地交泰，内方外圆，内刚外柔。

否　天 乾上
　　地 坤下

否之匪人，不利君子贞，大往小来。

彖曰：否之匪人，不利君子贞。大往小来，则是天地不交，而万物不通也。上下不交，而天下无邦也。内阴而外阳，内柔而外刚，内小人而外君子，小人道长，君子道消也。

象曰：天地不交，否。君子以俭德辟难，不可荣以禄。

初六：拔茅茹，以其汇，贞吉，亨。
象曰：拔茅贞吉，志在君也。

六二：包承，小人吉，大人否，亨。
象曰：大人否亨，不乱群也。

六三：包羞。
象曰：包羞，位不当也。

九四：有命，无咎。畴离祉。
象曰：有命，无咎，志行也。

九五：休否，大人吉，其亡其亡，系于包桑。
象曰：大人之吉，位正当也。

上九：倾否，先否后喜。
象曰：否终则倾，何可长也。

否： 窒塞不通。天地不交。阳去阴来。小人得志，君子道消，小人道长。

否卦的基本要义

1.否者，不通，隔绝。

2.否，不开口。以人象论，心情郁卒，琐事烦心，自然不喜说话，是为否。

3.易理：阴阳交，万物生；否卦上乾下坤，阳与阴不交，失之交则绝。

4.十二辟卦：否为农历七月。阳气已尽，阴气将至。

5.闭塞不通，慎防小人，大往小来，否极泰来，穷变则通，韬光养晦。

时运不济，遁世养志，返朴归真，祸福同根，天地不交，俭德辟难。

同人　天　乾上　火　离下

同人于野，亨。利涉大川。利君子贞。

彖曰：同人柔得位，得中而应乎乾，曰同人。同人曰：同人于野，亨；利涉大川，乾行也；文明以健，中正而应，君子正也；唯君子为能通天下之志。

象曰：天与火同人，君子以类族辨物。

初九：同人于门，无咎。
象曰：出门同人，又谁咎也。

六二：同人于宗，吝。
象曰：同人于宗，吝道也。

九三：伏戎于莽，升其高陵，三岁不兴。
象曰：伏戎于莽，敌刚也；三岁不兴，安行也。

九四：乘其墉，弗克攻，吉。
象曰：乘其墉，义弗克也；其吉，则困而反则也。

九五：同人，先号咷而后笑。大师克，相遇。
象曰：同人之先，以中直也；大师相遇，言相克也。

上九：同人于郊，无悔。
象曰：同人于郊，志未得也。

同人：同理心。人我合一。通天下之志。世界大同。视路人
为家人。敞开门户。不存偏私。

同人卦的基本要义

1. 人逢逆境，心态调整，不再高高在上，寻求与人同位，以利突破困难。

2. 同人卦言"人我合一"。

3. 同人卦象曰："同人于野"，"通天下之志。"是为世界大同之写照。

4. 同人卦虽言与人同位，但其蕴含着"不与人同流合污"的基因。

5. 同人卦卦辞"同人于野"为全卦要旨。

6. 世界大同，志同道合，广结善缘，包容异己，内明外健，异中求同。

类族辨物，和同为要，同心同德，团结力量，打破门户，团队精神。

大有　火 离上
　　　　天 乾下

大有： 元亨。

彖曰： 大有，柔得尊位，大中而上下应之，曰大有。其德刚健而
文明，应乎天而时行，是以元亨。

象曰： 火在天上，大有。君子以遏恶扬善，顺天休命。

初九： 无交害，匪咎，艰则无咎。
象曰： 大有初九，无交害也。

九二： 大车以载，有攸往，无咎。
象曰： 大车以载，积中不败也。

九三： 公用亨于天子，小人弗克。
象曰： 公用亨于天子，小人害也。

九四： 匪其彭，无咎。
象曰： 匪其彭，无咎，明辨晢也。

六五： 厥孚交如，威如，吉。
象曰： 厥孚交如，信以发志也；威如之吉，易而无备也。

上九： 自天佑之，吉无不利。
象曰： 大有上吉，自天佑也。

大有：无所不有。丰硕。富有。才德具备。时运亨通。爱心。
佛光照大千。大悲、大智、大行、大愿。

大有卦的基本要义

1. 为主动，为全面性。乾天日照大地，依时而为；不因个别差异而选择性付出。

2. 大有卦为富有之卦，但并非单指财富，而是富有四海，比喻明君、圣贤。《系辞传》曰："富有之谓大业，日新之谓盛德。"是富有的最高境界。比喻诸佛菩萨并没有说天下是他的，但佛光普照天下，渡化众生。

3. 大有卦悲愿无穷，威力无穷。

4. 大有卦的"给予"是无怨无悔的付出。

5. 大有卦是乾卦五爻动爻而来。象征大有卦的"因"是善性循环。全卦仅有一阴爻，此阴爻（九五）又居天位，是丰硕之象。

6. 光照大千，才德兼备，阳光普照，日丽当中，丰裕富足，财富充裕。

万事亨通，应天时行，传承大业，持盈保泰，遏恶扬善，慎防自满。

谦　地 坤上　山 艮下

谦，亨，君子有终。

彖曰：谦、亨，天道下济而光明，地道卑而上行，天道亏盈而益谦，地道变盈而流谦，鬼神害盈而福谦，人道恶盈而好谦。谦尊而光，卑而不可逾，君子之终也。

象曰：地中有山，谦。君子以裒多益寡，称物平施。

初六：谦谦君子，用涉大川，吉。
象曰：谦谦君子，卑以自牧也。

六二：鸣谦，贞吉。
象曰：鸣谦贞吉，中心得也。

九三：劳谦，君子有终，吉。
象曰：劳谦君子，万民服也。

六四：无不利，撝谦。
象曰：无不利，撝谦，不违则也。

六五：不富以其邻，利用侵伐，无不利。
象曰：利用侵伐，征不服也。

上六：鸣谦，利用行师，征邑国。
象曰：鸣谦，志未得也，可用行师，征邑国也。

谦： 谦虚自处。屈躬居下。有德不居。内敛自持。深藏不露。谦冲自牧。

谦卦的基本要义

1. 谦卦的意涵是世人进德修业的最基本功,人之终,欲求功德圆满,必修"谦"德。

2. 山之气在地之下,象征得龙气,启发智慧。

3.《易经》六十四卦唯一"六爻皆吉"的卦。

4. 儒释道三家经典理论基础均以"谦"道为本。

5. 衰多益寡,虚怀若谷,劳谦君子,以德服人,同理心观,谦不用刚。

谦谦自律,谦和礼敬,谦恭得益,称物平施,有容乃大,不可盈满。

豫　雷 震上
　地 坤下

豫：　利建侯、行师。

彖曰：豫，刚应而志行，顺以动，豫。豫顺以动，故天地如之，而
　　　况建侯行师乎！天地以顺动，故日月不过，而四时不忒；
　　　圣人以顺动，则刑罚清，而民服，豫之时义大矣哉！

象曰：雷出地，奋豫。先王以作乐崇德，殷荐之上帝，以配
　　　祖考。

初六：鸣豫，凶。
象曰：初六鸣豫，志穷凶也。

六二：介于石，不终日，贞吉。
象曰：不终日，贞吉，以中正也。

六三：盱豫，悔。迟有悔。
象曰：盱豫有悔，位不当也。

九四：由豫，大有得，勿疑，朋盍簪。
象曰：由豫，大有得，志大行也。

六五：贞疾，恒不死。
象曰：六五贞疾，乘刚也；恒不死，中未亡也。

上六：冥豫，成，有渝，无咎。
象曰：冥豫在上，何可长也。

豫： 乐。事先周全准备。有备无患。

豫卦的基本要义

1.豫，和乐也。乐为豫卦之结果，而其前提为奋豫，震雷一动，万物复苏，欣欣向荣，生气盎然，是为乐之象。

2.豫必顺乎自然，大自然日往月来，月往日来；寒往暑来，暑往寒来，日月不过，四时不忒，圣人法天地之象，中孚以信，万民悦服，"义之时义大矣哉"。

3.豫乐以震雷为基础，是为农历二月象。

4.上卦震，五行为木，象征乐器，二、三、四爻互卦为艮，人象为手，合而为手弹乐器之象。再者，震，人象为脚，有移动之象，三、四、五爻互卦为坎，为水，象征弹奏乐器发出悦耳的声音，如水的流动，源源而出。有音乐的日子，是欢乐的时刻，是为豫卦之象。有歌唱的日子是为上下和乐之象。豫者，予之象，我思故我在也。

5.筹谋积极，谋定后动，预防忧患，幸福愉悦，欣欣向荣，至善心法。

安而不逸，作乐崇德，知足常乐，骄兵必败，得意忘形，乐极生悲。

随　泽　兑上　　雷　震下

随：　　元、亨、利、贞，无咎。

彖曰：随，刚来而下柔，动而说，随。大亨、贞，无咎，而天下随时，随时之义大矣哉！

象曰：泽中有雷，随，君子以向晦入宴息。

初九：官有渝，贞吉，出门交有功。
象曰：官有渝，从正吉也；出门交有功，不失也。

六二：系小子，失丈夫。
象曰：系小子，弗兼与也。

六三：系丈夫，失小子，随有求得，利居贞。
象曰：系丈夫，志舍下也。

九四：随有获，贞凶，有孚在道以明，何咎。
象曰：随有获，其义凶也；有孚在道，明功也。

九五：孚于，嘉，吉。
象曰：孚于嘉吉，位正中也。

上六：拘系之，乃从维之，王用亨于西山。
象曰：拘系之，上穷也。

随：　　随和。随顺。追随。随意。

随卦的基本要义

1. 大有卦、谦卦、豫卦皆为好卦,众人见豫卦臻于和乐喜悦,必来追随,人之常理也。

2. 易圣以上兑下震比喻动而悦,象征君臣相随、夫妇相随、主从相随之道,系两两对应。

3. 追随尽职,随和众人,众人来随,随物物随,降尊屈贵,顺势而为。

随和敦厚,虚心受教,随时应便,向晦宴息,随波逐浪,随风调帆。

蛊　山　艮上　风　巽下

蛊：　元亨，利涉大川，先甲三日，后甲三日。

彖曰：蛊，刚上而柔下，巽而止，蛊。蛊，元亨，而天下治也；利涉大川，往有事也；先甲三日，后甲三日，终则有始，天行也。

象曰：山下有风，蛊，君子以振民育德。

初六：干父之蛊，有子考，无咎，厉终吉。
象曰：干父之蛊，意承考也。

九二：干母之蛊，不可贞。
象曰：干母之蛊，得中道也。

九三：干父之蛊，小有悔，无大咎。
象曰：干父之蛊，终无咎也。

六四：裕父之蛊，往见吝。
象曰：裕父之蛊，往未得也。

六五：干父之蛊，用誉。
象曰：干父之蛊，承以德也。

上九：不事王侯，高尚其事。
象曰：不事王侯，志可则也。

蛊： 物为虫蛀而生蛊毒。蛊者，惑也。事杂零乱无序，最易
迷惑。弊端。败坏。滥。

蛊卦的基本要义

1. 蛊卦序排于随卦之后，足见易圣深具智慧。《序卦传》
云："以喜随人者必有事，故受之以蛊。"人于安逸时，国逢升平
世，最易堕落荒诞，腐败继之而来，是为蛊卦的真义。

2. 蛊自蛊出，物遭虫蛀而生蛊毒。为何不曰虫而名蛊呢？
盖蛊虽自虫出，虫有益虫、害虫，害虫乃为蛊之源，古代夷蛮之
族，以有毒之害虫制药害人，名曰蛊。易圣以此分辨事之体
(虫)与用(蛊)。

3. 初爻与六爻未变之前是泰卦，是交代生卦，这是合乎
"物极必反"的易理。

4. 整饬混乱，除旧布新，改革迁腐，清理门户，壮士断腕，
挥剑斩丝。

治乱之间，振民育德，俭德自持，三蛊在器，蛊惑乱生，揭
除迷惑。

临　　地 ䷒ 坤上
　　　泽 　 兑下

临：　　元、亨、利、贞，至于八月有凶。

彖曰：临，刚浸而长，说而顺，刚中而应，大亨以正，天之道也。
　　　至于八月有凶，消不久也。

象曰：泽上有地，临。君子以教思无穷，容保民无疆。

初九：咸临，贞吉。
象曰：咸临贞吉，志行正也。

九二：咸临，吉无不利。
象曰：咸临，吉无不利，未顺命也。

六三：甘临，无攸利，既忧之，无咎。
象曰：甘临，位不当也；既忧之，咎不长也。

六四：至临，无咎。
象曰：至临无咎，位当也。

六五：知临，大君之宜，吉。
象曰：大君之宜，行中之谓也。

上六：敦临，吉，无咎。
象曰：敦临之吉，志在内也。

临：　　以上临下。以高临卑。含迫近之意。事出仓促。亲至。
　　　先前经历过。临民。临事。临一切之物。

临卦的基本要义

1.临卦,必出以真诚,凡事"亲自参与",如亲临。

2.临卦下兑为少女,象征纯真时代来临。兑者,喜悦,衰极反盛之象来临。

3.临卦序排于蛊卦之后,蛊卦是器皿中生虫,表示出事了,既出事,必治(干)之。事经治理,必脱胎换骨,较前更壮大,故临有"大"之意。

4.十二辟卦:临为农历十二月。方位是东北。大地寒气渐退,临届春天。

5.以上临下,居高临下,领导有方,知人善任,众人拥戴,慎防独揽。

躬亲践行,居安思危,时时戒慎,教思无穷,大德大誉,临民临事。

观　风 ䷓ 巽上
　　地　坤下

观：　盥而不荐，有孚颙若。

彖曰：观，盥而不荐，有孚颙若，下观而化也。大观在上，顺而
　　巽，中正以观天下。观天之神道，而四时不忒；圣人以神
　　道设教，而天下服矣。

象曰：风行地上，观。先生以省方、观民、设教。

初六：童观，小人无咎，君子吝。
象曰：初六童观，小人道也。

六二：窥观，利女贞。
象曰：窥观，女贞，亦可丑也。

六三：观我生，进退。
象曰：观我生，进退，未失道也。

六四：观国之光，利用宾于王。
象曰：观国之光，尚宾也。

九五：观其生，君子无咎。
象曰：观其生，观民也。

上九：观我生，君子无咎。
象曰：观我生，志未平也。

观：　视也。瞻仰。平视。俯瞰。景仰。

观卦的基本要义

1. 观必须有光始能观。

2. 观卦序排于临卦之后。临卦之前有蛊卦,蛊为腐败之象,物坏蛊生,蛊必治之,以上临下,以君亲民,"临"的成效如何,必观而后知。

3. 观察外界,是由我来看身外的事物,将自己作为被观察的标的,是反观自己。外观或内观,都必须以公正的态度、真挚诚恳的心志,才能明心见性。

4. 内观自性以断妄惑,外观而后生智慧。象曰:"中正以观天下。"透视因缘观,以达"真理心法"之行。

5. 十二辟卦:观为农历八月。

6. 万民瞻仰,未来面目,反观自照,神道设教,沉思冥想,见微知著。

掌握资讯,善于观察,观摩展示,善察人情,真心体恤,远见明察。

噬嗑　火 离上／雷 震下

噬嗑：亨，利用狱。

彖曰：颐中有物，曰噬嗑。噬嗑而亨，刚柔分、动而明，雷电合而章，柔得中而上行，虽不当位，利用狱也。

象曰：雷电，噬嗑，先王以明罚敕法。

初九：屦校灭趾，无咎。
象曰：屦校灭趾，不行也。

六二：噬肤灭鼻，无咎。
象曰：噬肤灭鼻，乘刚也。

六三：噬腊肉，遇毒，小吝，无咎。
象曰：遇毒，位不当也。

九四：噬干胏，得金矢，利艰贞，吉。
象曰：利艰贞吉，未光也。

六五：噬干肉，得黄金，贞厉，无咎。
象曰：贞厉，无咎，得当也。

上九：何校灭耳，凶。
象曰：何校灭耳，聪不明也。

噬嗑：以牙咬物曰噬嗑。噬者，啮。以牙咬物。嗑，口之合也，象征"食"（吃东西之义）。

噬嗑卦的基本要义

1. 凡物须待咬而后合，是为物不合；物之不合，表示有物在中间为梗，欲使之合，必须咬除作梗之物。

2. 噬嗑卦以食、合两个意义象征人生大事及一切事物的判断，必须适中，说断则断，事理分明。

3. 易圣以噬嗑卦"咬而嚼之，合而食之"，比喻学而明之，学思并用。

4. 噬嗑卦以讼狱来拟象，凡讼狱，是因人与人之间有了隔阂，引起争端，若仲裁调处者能噬断而和合之，自可止讼。

5. 噬嗑卦从有形的消化，到无形的净化、美化，达到物我合一，与天地合其德的境界。

6. 噬碎硬骨，靖难除恶，毅力坚持，果断行动，惩罪阻恶，可多烦恼。

图谋当慎，志同道合，究察情伪，明刑用典，吃喝玩乐，治理财食。

贲　山　艮上
　　火　离下

贲：　亨、小利有攸往。

彖曰：贲亨，柔来而文刚，故亨。分刚上而文柔，故小利有攸
　　　往。天文也；文明以止，人文也。观乎天文以察时变，观
　　　乎人文以化成天下。

象曰：山下有火，贲。君子以明庶政，无敢折狱。

初九：贲其趾，舍车而徒。
象曰：舍车而徒，义弗乘也。

六二：贲其须。
象曰：贲其须，与上兴也。

九三：贲如濡如，永贞吉。
象曰：永贞之吉，终莫之陵也。

六四：贲如皤如，白马翰如，匪寇婚媾。
象曰：六四当位，疑也；匪寇婚媾，终无尤也。

六五：贲于丘园，束帛戋戋，吝，终吉。
象曰：六五之吉，有喜也。

上九：白贲，无咎。
象曰：白贲无咎，上得志也。

贲： 文饰(人之装扮、装饰；物之修饰、装潢)。日落之象(夕阳,有黄昏之象)。

贲卦的基本要义

1.贲卦序排于噬嗑卦之后,噬嗑卦因口合而能进食,食后有礼,社会一片文明之象。

2.贲卦由泰卦交代生卦衍化而来,泰为通顺之义。变贲卦之后,吉上加吉,因贲卦为美化、装饰之意,象征精神文明。

3.贲卦上艮,为山,为高大;下离,为火,为光明。此一文采光大的景象,可引申用于人世许多关系上。

4.贲卦言日落西山之象,人于日落黄昏之后,必得返家休息,隔天日出再外出,符合日出而作,日入而息之自然运行。以一日十二时辰论,贲卦为酉时(下午五时至七时)。

5.贲卦言君子于太平盛世时出仕为苍生谋,乱世时隐遁修身。

6.贲,上"卉"为草木总称;下"贝"为贝壳、化石,为大自然景物,未经人工雕琢。二者合一,代表自然不矫柔做作,不掩饰。《道德经》曰"道法自然",是贲卦的义涵,佛教《心经》曰"色即是空,空即是色",境界更高超。

7.贲卦以无色为本,为体;以文饰为末,为用。衍义为物质文明及精神文明。

8.日落西山,物质文明,精神文明,内修外养,质胜于文,装饰于外。

外实内虚,绚丽晚霞,好景不长,粉饰太平,文饰教养,美轮美奂。

剥　　山䷖艮上
　　　地　　坤下

剥： 不利有攸往。

彖曰： 剥，剥也，柔变刚也。不利有攸往，小人长也。顺而止之，观象也；君子尚消息盈虚，天行也。

象曰： 山附于地，剥，上以厚下安宅。

初六： 剥床以足，蔑贞，凶。
象曰： 剥床以足，以灭下也。

六二： 剥床以辨，蔑贞，凶。
象曰： 剥床以辨，未有与也。

六三： 剥之，无咎。
象曰： 剥之无咎，失上下也。

六四： 剥床以肤，凶。
象曰： 剥床以肤，切近灾也。

六五： 贯鱼，以宫人宠，无不利。
象曰： 以宫人宠，终无尤也。

上九： 硕果不食，君子得舆，小人剥庐。
象曰： 君子得舆，民所载也；小人剥庐，终不可用也。

剥： 物自附着体脱落。被强制剥夺。被暗中剥削。无形的虚空。

剥卦的基本要义

1. 天道往来之数，贲之终，即剥之初。贲，当春夏之季，万物欣荣，是为天之文饰，及至秋令，草木凋残，是为剥之象，是以《序卦传》云："贲者，饰也；致饰然后亨，则尽矣，故受之以剥。"

2. 剥字右边一把刀，轻者剥皮，重则家破人亡，国运衰退。

3. 十二辟卦：剥为农历九月。寒露霜降，西北方寒冬已届，天气冷。

4. 剥卦代表国家乱象，社会风气败坏。

5. 剥卦虽是剥削虚空，但剥卦的综卦为复卦。复卦初爻为阳，代表主人能闭关自省，惕励自我，终能"复其见天地之心"（象辞），山穷水尽疑无路，柳暗花明又一村。

6. 小人阴祸，小人道长，君子道消，明哲保身，基础不稳，未雨绸缪。

剥削蚀腐，危机四伏，十面埋伏，衰势显露，极者必反，硕果仅存。

复　　地 ䷗ 坤上
　　　　雷 　　 震下

复：　　亨，出入无疾，朋来无咎。反复其道，七日来复，利有
　　　　攸往。

彖曰：复，亨。刚反，动而以顺行，是以出入无疾，朋来无咎。
　　　　反复其道，七日来复，天行也；利有攸往，刚长也；复其见
　　　　天地之心乎！

象曰：雷在地中，复。先王以至日闭关，商旅不行，后不省方。

初九：不远复，无祗悔，元吉。
象曰：不远之复，以修身也。

六二：休复，吉。
象曰：休复之吉，以下仁也。

六三：频复，厉，无咎。
象曰：频复之厉，义无咎也。

六四：中行独复。
象曰：中行独复，以从道也。

六五：敦复，无悔。
象曰：敦复无悔，中以自考也。

上六：迷复，凶，有灾眚。用行师，终有大败，以其国君凶，至于
　　　　十年不克征。

象曰： 迷复之凶，反君道也。

复： 返本还原。复见本来面目。内省自反。

复卦的基本要义

1.复卦序排于剥卦后，剥去而复来，去者曰远，来者曰近，是为来复(卦辞："七日来复。")。

2.以行而返，行为动，返为转，动转之间，气数渐变，五阴一阳，阳下而上升，终返于乾，如客之返家，故曰复。

3.寒冬将过，下震为雷，东方春雷一震动，万物将醒，由冬将回春。

4.复卦的卦辞、象辞、象辞均以雷在地中，象征冬去春回，年岁轮转，亦说明大自然循环之理。

5.十二辟卦：复为农历十一月。

6.自性光明，大地回春，万象更新，重新开始，生机复明，转捩之点。

循环反复，善于补过，渐入佳境，迷途知返，穷上反下，生命心性。

无妄　天　乾上
　　　　雷　震下

无妄：元、亨、利、贞，其匪正有眚，不利有攸往。

彖曰：无妄，刚自外来，而为主于内；动而健，刚中而应；大亨以正，天之命也。其匪正有眚，不利有攸往，无妄之往，何之矣。天命不祐，行矣哉。

象曰：天下雷行，物与无妄，先王以茂对时育万物。

初九：无妄，往吉。
象曰：无妄之往，得志也。

六二：不耕获，不菑畬，则利有攸往。
象曰：不耕获，未富也。

六三：无妄之灾，或系之牛，行人之得，邑人之灾。
象曰：行人得牛，邑人灾也。

九四：可贞，无咎。
象曰：可贞无咎，固有之也。

九五：无妄之疾，勿药有喜。
象曰：无妄之药，不可试也。

上九：无妄，行有眚，无攸利。
象曰：无妄之行，穷之灾也。

无妄：无私。无悔。无妄想。无极。无妄念。实实在在。刚
　　健笃实。不虚伪。

无妄卦的基本要义

1. 无妄卦纯乎自然，天不自大，地不自厚，物与俱生，人与同载，德不可极，自可久大。

2. 复卦谈"返"，无妄卦言"诚"，反身自省，诚实以待，是无妄卦的真义。

3. 无妄卦前面剥、复二卦象征"理"势消、长的变化。无妄卦则谈真理本质的不变性质。得真理则凡事亨通顺达，不得则为乱的源头。

4. 研究无妄卦，须与复卦一起探讨，其理将更明确，其义将更彰显。复卦谈闭关养性，回复本来的自性，既能复自本性，必能有无妄卦的无私、无悔、无妄想，刚健笃实不虚伪、不矫柔。

5.《易经》谈天命的卦是无妄卦 (象辞："大亨以正，天之命也。")。

6. 无妄卦是普天同庆的卦，道成天上，名留世间。

7. 须诚戒伪，不欺不妄，不宜取巧，妄念止息，少思寡欲，自性真诚。

守静守常，戒备意外，顺乎自然，精益求精，身正为范，无妄之灾。

大畜 ䷙ 山 艮上 天 乾下

大畜： 利贞，不家食，吉，利涉大川。

彖曰： 大畜，刚健、笃实、辉光，日新其德，刚上而尚贤，能止健，大正也。不家食吉。养贤也；利涉大川，应乎天也。

象曰： 天在山中，大畜。君子以多识前言往行，以畜其德。

初九： 有厉，利已。
象曰： 有厉利已，不犯灾也。

九二： 舆说輹。
象曰： 舆说輹，中无尤也。

九三： 良马逐，利艰贞，日闲舆卫，利有攸往。
象曰： 利有攸往，上合志也。

六四： 童牛之牿，元吉。
象曰： 六四元吉，有喜也。

六五： 豮豕之牙，吉。
象曰： 六五之吉，有庆也。

上九： 何天之衢，亨。
象曰： 何天之衢，道大行也。

大畜：畜者,蓄也。大畜与小畜两卦均有蓄止、蓄养、蓄聚之意,但大畜卦有大养、大德性,更有尚贤、养贤(养天下贤士),颐养金刚体,悲愿无尽之义。

大畜卦的基本要义

1. 小畜卦的往来卦为履,履卦居小畜卦之后,畜未久,积未厚,故曰小畜。而大畜却因与无妄卦为往来卦,无妄已是好卦,久已有积有蓄,至大畜更为丰盛,是为大畜卦的至义。

2. 大畜卦的卦辞谈"养",有"蓄养贤人"之义。象辞谈"修",有"蓄养德行"之义。爻辞谈"止",有"蓄止邪恶"之义。

3. 大畜卦除了蓄、养、修、止之外,尚有"光明"、"富有"之义。

4. 大畜卦序排于无妄卦之后,妄去实存,接着便是大畜卦的富有,无妄为体,大畜为用;无妄为止,大畜为可行;无妄为内圣,大畜为外王(旺)。

5. 举才聚福,积极进取,以阳蓄阴,蕴存实力,知识力量,蓄积能量。

蓄积实力,坚守正道,匡济艰险,宏观调控,利涉大川,日新其德。

颐 　山　艮上
　　雷　震下

颐：　贞吉,观颐,自求口实。

彖曰：　颐,贞吉,养正则吉也。观颐,观其所养也。自求口实,观其自养也。天地养万物,圣人养贤以及万民,颐之时大矣哉!

象曰：　山下有雷,颐。君子以慎言语、节饮食。

初九：　舍尔灵龟,观我朵颐,凶。
象曰：　观我朵颐,亦不足贵也。

六二：　颠颐,拂经,于丘颐,征凶。
象曰：　六二征凶,行失类也。

六三：　拂颐,贞凶,十年勿用,无攸利。
象曰：　十年勿用,道大悖也。

六四：　颠颐,吉,虎视眈眈,其欲逐逐,无咎。
象曰：　颠颐之吉,上施光也。

六五：　拂经,居贞吉,不可涉大川。
象曰：　居贞之吉,顺以从上也。

上九：　由颐,厉吉,利涉大川。
象曰：　由颐,厉吉,大有庆也。

颐： 养也。养身、养生、养性、养道、养德、养气、养神、养天下圣贤与万民。

颐卦的基本要义

1.天地万物，无一不生，无一不养，而"养正"方能遂其生，为颐养之大义。

2.易圣由人养口实，推衍天地养万物，明君养贤明、善知识及有德之才，为国举才，颐养万民，是为君王之道。

3.现代人谈养生，君子力行养生之道，终究能养神、养性、养德。

4.人的生命，体内需要饮食，体外需要保暖，精气通于天地，动时即动，息时即息，规律节制，是为养生，也是养形。

5.颐卦二、三、四、五爻可合视一个"▬▬"，而成为离卦光明之象。二、三、四、五爻在两阳爻之下，显现真空之象，合乎"真空妙有"之理象。

6.小人谋时不谋道，贤人养气、养命，圣人养道、养性。

7.颐养心性，慧命提升，培养正气，自求口实，注重保养，慎言节食。

休养生息，龟息养命，滋养生存，庄敬自强，摄取营养，自求多福。

大过

泽 兑上
风 巽下

大过：栋桡，利有攸往，亨。

彖曰：大过，大者、过也；栋桡，本末弱也；刚过而中，巽而说，行利有攸往，乃亨。大过之时大矣哉！

象曰：泽灭木，大过。君子以独立不惧，遁世无闷。

初六：借用白茅，无咎。
象曰：借用白茅，柔在下也。

九二：枯杨生稊，老夫得其女妻，无不利。
象曰：老夫女妻，过以相与也。

九三：栋桡，凶。
象曰：栋桡之凶，不可以有辅也。

九四：栋隆，吉，有它吝。
象曰：栋隆之吉，不桡乎下也。

九五：枯杨生华，老妇得其士夫，无咎、无誉。
象曰：枯杨生华，何可久也？老妇士夫，亦可丑也。

上六：过涉灭顶，凶，无咎。
象曰：过涉之凶，不可咎也。

大过：颠覆。颠倒。太超过之意。

大过卦的基本要义

1. 大过卦的颠覆，是由中孚卦的反卦与颐卦的错卦而来的。

2. 阴包阳，阳伏于中，阴包于表，倒行逆施，其不得正，又阳屈服于阴，阴反而肆荡于外，天地序乱，刚柔混淆，是为大过之象。

3. 大过卦之后为坎卦，坎者，险也。易圣启示世人，过必遭险，人生路程值得戒惕！

4. 大过卦全卦皆弱，上下左右，阴阳无力，独中段强，象征中段无所凭借，无所依托，势必倾斜，是为大过。历史故事，文太师走到绝风岭，是为最佳诠释。

5. 大者，太也。大过犹太超过，阴侮阳，是为大过。以人道言，阳为性，阴为情，情困性，是为大过。

6. 大过卦似象为坎，足见大过卦有坎卦基因，宜慎之！

7. 棺椁事宜，负担过重，隐忍待时，济弱扶倾，突破常规，大彻悟觉。

势将颠覆，身处困境，过犹不及，遁世无闷，顺应天理，本末皆弱。

坎

重 坎上
坎 坎下

习坎：有孚，维心亨，行有尚。

彖曰：习坎、重险也；水流而不盈，行险而不失其信。维心亨，乃以刚中也；行有尚，往有功也；天险不可升也，地险山川丘陵也，王公设险以守其国。险之时用大矣哉！

象曰：水洊至，习坎。君子以常德行，习教事。

初六：习坎，入于坎窞，凶。
象曰：习坎入坎，失道凶也。

九二：坎有险，求小得。
象曰：求小得，未出中也。

六三：来之坎坎，险且枕，入于坎窞，勿用。
象曰：来之坎坎，终无功也。

六四：樽酒，簋贰，用缶，纳约自牖，终无咎。
象曰：樽酒，簋贰，刚柔际也。

九五：坎不盈，只既平，无咎。
象曰：坎不盈，中未大也。

上六：系用徽纆，寘于丛棘，三岁不得，凶。
象曰：上六失道，凶三岁也。

坎： 险也，陷阱。后天八卦方位居北方，四时为冬，象征酷寒。

坎卦的基本要义

1. 坎虽为陷阱，危险之象，但其卦辞言"习坎"，象征若能学习、训练磨炼，必能挣脱困境。

2. 坎卦取象于水，象征源远流长，水泄不断，必以土筑堤防汛，以免溃决。

3. 大自然地理：土地悬空之际，曰坎，悬空下方为险之处，土方易流失，故须驳坎以固之，方能避险，不致跌落深谷。

4. 一阳被二阴包围，动弹不得，象征黑暗，坎坷不幸。

5. 坎坷逆境，艰难危险，危机管理，临危不乱，险川峻谷，事多困阻。

愈挫愈奋，常德习教，习坎安行，妙智慧水，上善若水，烦恼菩提。

离　重 离上　离下

离：　利贞，亨，畜牝牛，吉。

彖曰：离，丽也。日月丽乎天，百谷草木丽乎土，重明以丽乎
正，乃化成天下。柔丽乎中正，故亨。是以畜牝牛吉也。

象曰：明两作离，大人以继明照于四方。

初九：履错然，敬之，无咎。
象曰：履错之敬，以辟咎也。

六二：黄离，元吉。
象曰：黄离元吉，得中道也。

九三：日昃之离，不鼓缶而歌，则大耋之嗟，凶。
象曰：日昃之离，何可久也。

九四：突如、其来如、焚如、死如、弃如。
象曰：突如其来如，无所容也。

六五：出涕沱若，戚嗟若，吉。
象曰：六五之吉，离王公也。

上九：王用出征，有嘉折首，获匪其丑，无咎。
象曰：王用出征，以正邦也。

离：　光明。丽明。附着。后天八卦居南方，四时为夏，阳光
充足，象征旺盛。

离卦的基本要义

1. 离的古字为㐫，是分离独立之意。（单㐫为离，两个㐫为并）

2. 离卦是《易经·上经》之末卦，易圣以南方火代表离卦光明（后天八卦离卦位于南方）。勖勉世人，由天道至人道的历程，有坎之险，有离之光明，形成水火既济卦，以迎接由人道返回天道的历练。

3. 附丽光明，安身立命，乐观以对，明作两离，继明普照，心地光明。

明照四方，日新又新，在明明德，文明社会，顺天应道，遇贵得解。

咸　泽 兑上
　　山 艮下

咸：　亨、利贞，取女吉。

彖曰：咸、感也。柔上而刚下，二气感应以相与；止而说，男下
　　　女，是以亨利贞，取女吉也。天地感而万物化生，圣人感
　　　人心而天下和平。观其所感，而天地万物之情可见矣！

象曰：山上有泽，咸，君子以虚受人。

初六：咸其拇。
象曰：咸其拇，志在外也。

六二：咸其腓，凶，居吉。
象曰：虽凶居吉，顺不害也。

九三：咸其股，执其随，往吝。
象曰：咸其股，亦不处也。志在随人，所执下也。

九四：贞吉，悔亡；憧憧往来，朋从尔思。
象曰：贞吉悔亡，未感害也。憧憧往来，未光大也。

九五：咸其脢，无悔。
象曰：咸其脢，志末也。

上六：咸其辅颊舌。
象曰：咸其辅颊舌，滕口说也。

咸：　感。速。皆。默契。

咸卦的基本要义

1.天地之气交互感应,产生万物万象。万物有雄雌,人类有男女,而后有夫妇配合之道,因此,咸即象征夫妻。

2.天地自然交感,万物生生不息。

3.咸卦与恒卦为相应之卦,咸者,速也;恒者,久也。咸为初,但求速成。恒卦继咸卦后,既求速定,又致力永恒,以贞固乾坤,天长地久。

4.咸卦以人体的部位,来比喻人生所感有深浅之别。

5.男女互相欣赏对方而产生情愫。

6.真心真意感化有情众生。

7.圣人宣扬易理,劝化人心,使人法喜充满,法音流转。

恒　雷　震上
　　风　巽下

恒：　亨、无咎。利贞，利有攸往。

彖曰：恒、久也。刚上而柔下，雷风相与；巽而动，刚柔皆应，
　　　恒。恒亨，无咎。利贞，久于其道也。天地之道，恒久而
　　　不已也。利有攸往，终则有始也。日月得天，而能久照；
　　　四时变化，而能久成；圣人久于其道，而天下化成。观其
　　　所恒，而天地万物之情可见矣！

象曰：雷风恒，君子以立不易方。

初六：浚恒，贞凶，无攸利。
象曰：浚恒之凶，始求深也。

九二：悔亡。
象曰：九二悔亡，能久中也。

九三：不恒其德，或承之羞，贞吝。
象曰：不恒其德，无所容也。

九四：田无禽。
象曰：久非其位，安得禽也。

六五：恒其德贞，妇人吉，夫子凶。
象曰：妇人贞吉，从一而终也。夫子制义，从妇凶也。

上六： 振恒，凶。

象曰： 振恒在上，大无功也。

恒： 长久，无论天道、人道、地道保存永远不退之生机。

恒卦的基本要义

1. 恒卦有乾卦"君子以自强不息"之义。

2. 恒卦虽言"恒久"，但并非要固守一隅，遇事必须往前冲刺，并且要恒守正道，方能破除困难，达到成功。

3. 全卦阴阳恰得其分，上下相匹，往来相禽，内外相协。

4. 恒卦以雷、风声势相长，衍大自然恒常之理；日月久照，四时久成，圣人久于其道，终始循环不息。

5. 有恒为成功之本，是恒卦最佳诠释。

6. 夫妇情深，甘苦共同承担，患难、贫贱、疾病、夷狄，永不变心，直到地老天荒，海枯石烂。

7. 君子立正确道德理念，不因环境恶劣而变志，正气长存。

8. 妇女丧夫能守真节，扶养幼儿长大成人，成为国家贤哲、君子，坚忍毅力达到恒久。

遁　天 乾上
　　山 艮下

遁：　亨、小，利贞。

彖曰：遁、亨，遁而亨也。刚当位而应，与时行也。小利贞，柔浸而长也。遁之时义大矣哉！

象曰：天下有山，遁。君子以远小人，不恶而严。

初六：遁尾厉，勿用有攸往。
象曰：遁尾之厉，不往，何灾也。

六二：执之，用黄牛之革，莫之胜说。
象曰：执用黄牛，固志也。

九三：系遁，有疾厉，畜臣妾，吉。
象曰：系遁之厉，有疾惫也。畜臣妾吉，不可大事也。

九四：好遁，君子吉，小人否。
象曰：君子好遁，小人否也。

九五：嘉遁，贞吉。
象曰：嘉遁贞吉，以正志也。

上九：肥遁，无不利。
象曰：肥遁无不利，无所疑也。

遁：　逃避。隐遁。静止。日渐消退。

遁卦的基本要义

1. 十二辟卦：遁为农历六月。六月夏季，阳已极盛，盛者必衰，极者必变，故遁亦有退、减之义。

2. 遁卦有山高天远之象，引申为"遁迹避害"的道理。

3. 遁卦"退而求其自保"之义，是消极现象；积极现象则是待机而发，伺机而动。

4. 遁卦之前的恒卦，代表过去；遁卦则是现在进行式。遁之后的大壮卦则是未来现象，是故遁卦的意义与蕴含的真理更加明确，是修身养性、进德修业的卦。

5. 隐遁山林，守时待机，学习太公垂钓于磻溪养精蓄锐。

6. 忍一时免百日烦恼，退一步海阔天空。

7. 好遁、嘉遁、肥遁都能避小人而明哲保身。

大壮　雷　震上　天　乾下

大壮：利贞。

彖曰：大壮，大者、壮也。刚以动，故壮。大壮利贞，大者正也。正大而天地之情可见矣！

象曰：雷在天上，大壮，君子以非礼弗履。

初九：壮于趾，征凶，有孚。
象曰：壮于趾，其孚穷也。

九二：贞吉。
象曰：九二贞吉，以中也。

九三：小人用壮，君子用罔，贞厉；羝羊触藩，羸其角。
象曰：小人用壮，君子罔也。

九四：贞吉悔亡，藩决不羸，壮于大舆之輹。
象曰：藩决不羸，尚往也。

六五：丧羊于易，无悔。
象曰：丧羊于易，位不当也。

上六：羝羊触藩，不能退，不能遂，无攸利，艰则吉。
象曰：不能退，不能遂，不详也。艰则吉，咎不长也。

大壮：强大。壮大。心壮、身壮、志壮、学壮、道壮、德壮。

大壮卦的基本要义

1. 大壮卦序排于遁卦之后,遁为六月卦,阳衰阴进,小人道长,君子道衰,当此之际,能遁则吉,趁时培道养德,加强谋世功能之训练,当大壮来临时,身心俱强化、成熟,臻于壮大。

2. 大与太,古字相同、相通。大之极曰太,表示物之无以再加,大壮犹言太壮。

3. 大壮卦四阳二阴,阳者,长也,四阳胜二阴,又得位乘时,阳壮以时,是为二月之天象,雷鸣于天上,雨泽万物,万物万象欣荣,是为大壮。

4. 养天地正气,法古今完人。

5. 培养正确思想观念,弘扬易理于世界各角落。

6. 刚愎自用的性格,造成处处碰壁,进退维谷之间,咎由自取。

晋　火　离上
　　地　坤下

晋： 康侯,用锡马蕃庶,昼日三接。

彖曰： 晋、进也。明出地上,顺而丽乎大明,柔进而上行,是以康侯用锡马蕃庶,昼日三接也。

象曰： 明出地上,晋,君子以自昭明德。

初六： 晋如、摧如,贞吉。罔孚、裕,无咎。
象曰： 晋如,摧如,独行正也。裕无咎,未受命也。

六二： 晋如愁如,贞吉。受兹介福,于其王母。
象曰： 受兹介福,以中正也。

六三： 众允,悔亡。
象曰： 众允之志,上行也。

九四： 晋如,鼫鼠贞厉。
象曰： 鼫鼠贞厉,位不当也。

六五： 悔亡,失得勿恤,往吉,无不利。
象曰： 失得勿恤,往有庆也。

上九： 晋其角,维用伐邑。厉吉,无咎,贞吝。
象曰： 维用伐邑,道未光也。

晋： 进也。晋升。提升。光明。赏识。飞黄腾达。

晋卦的基本要义

1. 历代《易经》圣贤指出，晋卦是君子"自昭明德，日进于光明之道"的卦。

2. 北宋、南宋均以晋卦为状元卦。考试、科举、选举占得此卦，大吉。

3. 晋卦序排于大壮卦之后，象征物已壮之后，必有所为，有所成，犹如人之壮年，身力强盛，精神焕发，自当有所作为，成其德业，是人之常情，亦是晋卦的真谛：必有壮用，晋必有成。

4. 晋与普相通。象征太阳普照大地，是光明之象。

5. 晋卦上离为光明，比喻明君在上；下坤为臣，属牝马之贞，比喻臣民顺服于君王。晋卦的卦义：勉励有才德的君子应勇于出仕，建功立德，造福百姓。

6. 晋升官阶，必定是有功于国家社稷的人。

7. 君王赐爵位、赐马、赐布匹以犒赏功臣。

8. 君子自昭明德，以启发本性的良知良能，使潜能伸展无限的空间。

明夷

地上 坤上
火下 离下

明夷：利艰贞。

彖曰：明入地中，明夷。内文明而外柔顺，以蒙大难，文王以
之。利艰贞，晦其明也。内难而能正其志，箕子以之。

象曰：明入地中，明夷。君子以莅众，用晦而明。

初九：明夷于飞，垂其翼。君子于行，三日不食。有攸往，主人
有言。

象曰：君子于行，义不食也。

六二：明夷，夷于左股，用拯马壮吉。

象曰：六二之吉，顺以则也。

九三：明夷于南狩，得其大首，不可疾贞。

象曰：南狩之志，乃大得也。

六四：入于左腹，获明夷之心，于出门庭。

象曰：入于左腹，获心意也。

六五：箕子之明夷，利贞。

象曰：箕子之贞，明不可息也。

上六：不明晦，初登于天，后入于地。

象曰：初登于天，照四国也。后入于地，失则也。

明夷：伤也。诛杀。

明夷卦的基本要义

1. 明夷卦是晋卦的相反。晋卦是日出地上象征晋升、光明之卦,是在上贤明,在下柔顺。明夷卦是日入地中,是伤、诛之义,是在上者昏暗,在下者贤明,表示明被暗遮掩而立即消失,黑暗立即来临,在明夷的时代里,贤明之士非死即伤。

2. 历史上晋与明夷相对的国君,尧、舜之圣明比对丹朱、商均之不肖;禹、汤之明君比对夏桀、商纣之昏庸暴君。

3. 明夷卦序排于晋卦之后,《序卦传》云:"晋者,进也;进必有所伤,故受之以明夷。"晋者,进也,进者易伤,往前进而不知止,必有所伤。

4. 明夷,伤也。此卦比喻生离死别(下卦离在上卦坤的黑暗之下,光明不易见)。

5. 身心灵受创伤,引发心智障碍,造成忧郁症。

6. 生逢乱世,暴政猛于虎,而民不聊生,哀鸿遍野。

7. 暴君无道,贤臣君子被排挤于朝廷之外,是为小人道长之时。

家人

风 巽上
火 离下

家人： 利女贞。

彖曰： 家人，女正位乎内，男正位乎外。男女正，天地之大义也。家人有严君焉，父母之谓也。父父子子，兄兄弟弟，夫夫妇妇，而家道正。正家而天下定矣！

象曰： 风自火出，家人。君子以言有物，而行有恒。

初九： 闲有家，悔亡。
象曰： 闲有家，志未变也。

六二： 无攸遂，在中馈，贞吉。
象曰： 六二之吉，顺以巽也。

九三： 家人嗃嗃，悔厉吉。妇子嘻嘻，终吝。
象曰： 家人嗃嗃，未失也。妇子嘻嘻，失家节也。

六四： 富家大吉。
象曰： 富家大吉，顺在位也。

九五： 王假有家，勿恤，吉。
象曰： 王假有家，交相爱也。

上九： 有孚，威如，终吉。
象曰： 威如之吉，反身之谓也。

家人： 家人卦论家庭中夫妇、父子、兄弟之间的相处之道，也引申朋友之道。

家人卦的基本要义

1. 家人卦谈修身、齐家、治国平天下之道，强调必须由内而外，由下而上，由亲而疏。

2. 家人卦序排于明夷卦之后，这是易圣明示，明夷之伤必须亲近家人才能疗治。而家人又是东方文化之本。故《序卦传》云："夷者，伤也；伤于外者，必反其家，故受之以家人。"

3. 《杂卦传》云："家人，内也。"家人卦首重"情"，其精神为相互依存，志同道合，二体一气。

4. 男主于外，奋斗事业有所成就；女主于内，勤于家事，相夫教子，成为贤内助。

5. 家人相处贵于知性、体谅、互相尊重、相互了解，经营幸福圆满的结局。

6. 父慈、子孝、夫义、妇敬、兄友弟恭相亲相爱，此为五伦规范。

睽　火　离上
　　泽　兑下

睽：　小事吉。

彖曰：睽、火动而上，泽动而下，二女同居，其志不同行。说而
　　　丽乎明，柔进而上行，得中而应乎刚，是以小事吉。天地
　　　睽，而其事同也。男女睽，而其志通也。万物睽，而其事
　　　类也。睽之时用大矣哉！

象曰：上火下泽，睽，君子以同而异。

初九：悔亡，丧马勿逐，自复，见恶人，无咎。
象曰：见恶人，以辟咎也。

九二：遇主于巷，无咎。
象曰：遇主于巷，未失道也。

六三：见舆曳，其牛掣，其人天且劓，无初有终。
象曰：见舆曳，位不当也。无初有终，遇刚也。

九四：睽孤，遇元夫，交孚，厉勿咎。
象曰：交孚无咎，志行也。

六五：悔亡，厥宗，噬肤，往何咎。
象曰：厥宗噬肤，往有庆也。

上九：睽孤，见豕负涂，载鬼一车；先张之弧，后脱之弧；匪寇婚
　　　媾，往遇雨，则吉。

象曰：遇雨之吉，群疑亡也。

睽： 乖违。疑惑。背道而驰。彼此分离。

睽卦的基本要义

1. 睽卦序排于家人卦之后，一家之内，即使父子、兄弟、夫妇都十分和谐，情感上不生乖异，但到了生育、繁衍、人口增多，到了一个家庭无法容纳时，必得自然而然分爨析炊，各自成立家庭。

2.《序卦传》云："家道穷必乖，故受之以睽。"穷者，终极，尽头之义。

3. 易圣于卦辞言，睽卦不足以言大功大业，是故在小事为吉，在大事则不吉。大小事之别，《孔疏》云："大事曰与师动众，小事谓饮食衣服。"

4. 国家有不同党派，容易造成争执之根源，若能舍弃执着己见，最后能有所共识，则能握手化解纠纷。

5. 常以仇视心理排斥对方，容易造成家庭情感分裂，形成怨偶。

6. 朋友互相诚信，勿互相猜忌，否则易影响情感融洽。

蹇　水　坎上
　　山　艮下

蹇：　利西南，不利东北。利见大人，贞吉。

彖曰：蹇、难也，险在前也。见险而能止，知矣哉！蹇利西南，
　　　往得中也。不利东北，其道穷也。利见大人，往有功也。
　　　当位贞吉，以正邦也。蹇之时用大矣哉！

象曰：山上有水，蹇，君子以反身修德。

初六：往蹇来誉。
象曰：往蹇来誉，宜待也。

六二：王臣蹇蹇，匪躬之故。
象曰：王臣蹇蹇，终无尤也。

九三：往蹇来反。
象曰：往蹇来反，内喜之也。

六四：往蹇来连。
象曰：往蹇来连，当位实也。

九五：大蹇，朋来。
象曰：大蹇朋来，以中节也。

上六：往蹇来硕，吉，利见大人。
象曰：往蹇来硕，志在内也。利见大人，以从贵也。

蹇：　阻塞。前进无路。穷困。祸难。跛脚。

蹇卦的基本要义

1.人的一生不能无险阻,世间也不会无灾难。但有险有灾必得克服,不能听其自然,诉诸命运。蹇卦言克难济时的原则。

2.寒从足起。足暖胃暖,身体不寒。

3.人遇蹇运当头,行不得进时,明哲保身,不涉水犯难,行正道,终将达到九五"大蹇,朋来",天下忠义之士,朋类相偕而来,乐于效命,同舟共济,脱离险境。

4.《易经》四大难卦之一,也是历代圣人修行的卦。

5.一年中小寒、大寒两节气。农历十一月、十二月月令,飘雪季节。

6.大难当前,考验试炼人的意志是否坚定不移。

7.人经过磨炼,才能走向熟练,成功的路是漫长的,于失败中取得教训,才能得到教训和经验。由经验与智慧结合,而待机去达到所愿。

8.君子进德修业,反求诸其身,不迁怒、不二过。

解　雷　震上
　　水　坎下

解：　利西南，无所往，其来复吉，有攸往，夙吉。

彖曰：解、险以动，动而免乎险，解。解利西南往得众也。其来
　　　复吉，乃得中也。有攸往夙吉，往有功也。天地解而雷
　　　雨作，雷雨作而百果草木皆甲坼，解之时用大矣哉！

象曰：雷雨作，解，君子以赦过宥罪。

初六：无咎。
象曰：刚柔之际，义无咎也。

九二：田获三狐，得黄矢，贞吉。
象曰：九二贞吉，得中道也。

六三：负且乘，致寇至，贞吝。
象曰：负且乘，亦可丑也。自我致戎，又谁咎也。

九四：解而拇，朋至斯孚。
象曰：解而拇，未当位也。

六五：君子维有解，吉，有孚于小人。
象曰：君子有解，小人退也。

上六：公用射隼于高墉之上，获之无不利。
象曰：公用射隼，以解悖也。

解：　缓和。冰释。消散。解散。

解卦的基本要义

1. 解,《说文解字》:"判也,从刀判牛角。"判者,以刀取牛,剖之义,象征"散"之。

2.《易经证释》一书:"取象以刀解牛,从刀从牛从角之意,即剖也,开也,使结者散,拘束者施弛也。"

3. 解字在进德修业言,可解释为智慧水。解卦若引申为社会百态言,解决问题,解散组织,解放民族,解除困难,解救国家都需要大智慧。故曰解卦为智慧的泉源。解卦下卦的水,其实是智慧之水。

4. 人产生智慧,必由难处下手,解开困顿、挫折,把握适当时机,以发挥才能。

5. 君子平时好好充实自我德性,蓄养无限潜能,随时为解决众生的苦难做好准备。

6. 人的心中最难驾驭就是意念,只有把贪而无厌,瞋恚不息,痴心妄想,从六根中拔除,才能身心安顿。全靠智慧去取舍。

损　山 艮上　泽 兑下

损：　有孚，元吉，无咎，可贞，利有攸往。曷之用，二簋可用亨。

彖曰：损、损下益上，其道上行。损而有孚，元吉。无咎，可贞，利有攸往，曷之用亨。二簋之亨，应夫时情。损刚益柔，损益盈虚，与时偕行。

象曰：山下有泽，损，君子以惩忿窒欲。

初九：已事遄往，无咎，酌损之。
象曰：已事遄往，尚合志也。

九二：利贞征凶，弗损益之。
象曰：九二利贞，中以为志也。

六三：三人行，则损一人。一人行，则得其友。
象曰：一人得友，三则疑也。

六四：损其疾，使遄有喜，无咎。
象曰：损其疾，亦可喜也。

六五：或益之十朋之龟，弗克违，元吉。
象曰：六五元吉，自上祐也。

上九：弗损益之，无咎，贞吉。利有攸往，得臣无家。
象曰：弗损益之，大得志也。

损：　减少。损失。削减。约束。受伤。咎吝。

损卦的基本要义

1. 大自然有山必有泽，一般人认为山愈高愈有灵气，泽愈深能蓄更多水，是故挖掘泽中泥以填山之高，却忽视了当泽愈挖愈深时，虽能填高山之巍，却使得山高而脚虚，终至倾斜崩落，是为损之象。

2. 损卦来自泰卦的九三与上六互损而得，九三的阳刚减损，阳爻变阴爻，上六的阴柔变阳刚，增加了外卦的阳刚气，泰卦内卦过刚，外卦过柔。过刚、过柔均非上乘，经由交易，成为损卦，表象虽有损减，但实际上却是中孚之象，恰如其分。

3. 损卦象曰："损下益上，其道上行。"《道德经》曰："为学日益，为道日损，意境同。"人于学习中，不断增加生活技能，累积经验，获致成效（益也）。也在求道的历程里，不断地减少欲望恶习，终能成为圣人、贤人、大人。

4. 为弘扬易理，牺牲奉献，损时间、精神、财力、物力应时势潮流。

5. 君子能欲望少，抱着朴实的生活、去除恶习，自然处世圆满。

6. 克服自己不正当的思想观念，损害一些不良的习性，使品德趋向完善美好。

益 风
雷 巽上
震下

益： 利有攸往，利涉大川。

彖曰： 益、损上益下，民说无疆。自上下下，其道大光。利有攸往，中正有庆。利涉大川，木道乃行。益动而巽，日进无疆。天施地生，其益无方。凡益之道，与时偕行。

象曰： 风雷，益。君子以见善则迁，有过则改。

初九： 利用为大作，元吉，无咎。
象曰： 元吉无咎，下不厚事也。

六二： 或益之十朋之龟，弗克违，永贞吉，王用享于帝，吉。
象曰： 或益之，自外来也。

六三： 益之用凶事，无咎，有孚中行，告公用圭。
象曰： 益用凶事，固有之也。

六四： 中行，告公从，利用为依迁国。
象曰： 告公从，以益志也。

九五： 有孚惠心，勿问，元吉，有孚惠我德。
象曰： 有孚惠心，勿问之矣。惠我德，大得志也。

上九： 莫益之，或击之，立心勿恒，凶。
象曰： 莫益之，偏辞也。或击之，自外来也。

益： 增加。受益。满。众多。丰盈。

益卦的基本要义

1. 益卦序排于损卦之后,损极必益。易圣以益卦之象说明损上益下之道,去其枝叶,固其根本,本立道生,根固枝荣,是为益之道。

2. 益卦从否卦交易而来,否卦的九四与初六交易互换,上卦的阳刚减少,下卦的阴柔增加阳刚之气,是为象辞所言:损上益下。否卦上卦为乾,交易之后变成巽卦;下卦原为坤卦,交易之后变为震卦,是为损上之实而益下之虚。

3. 易理过刚与过柔,均非上乘。否为天地不交,变为益卦之后,增加受益,得天地二气之交,象征上下交易,日进无疆。

4. 锻炼身体,训练坚忍的毅力,防止疾病发生,有益家庭事业平衡发展,达到理想目标。

5. 利益万民的大业是经过无数的失败与挫折,所以益是培养德性宽裕的基础,兴利安邦的利器。

6. 交一些有益的朋友有助于德性品格完美,增广见闻达到君子、贤人、圣人的境域。

夬　泽 兑上　天 乾下

夬：　扬于王庭,孚号有厉,告自邑。不利即戎,利有攸往。

彖曰：夬,决也,刚决柔也。健而说,决而和。扬于王庭,柔乘
　　　五刚也。孚号有厉,其危乃光也。告自邑,所告为公也。
　　　不利即戎,所尚乃穷也。利有攸往,刚长乃终也。

象曰：泽上于天,夬。君子以施禄及下,居德则忌。

初九：壮于前趾,往不胜,为咎。
象曰：不胜而往,咎也。

九二：惕号,莫夜有戎,勿恤。
象曰：有戎勿恤,得中道也。

九三：壮于頄,有凶,君子夬夬,独行遇雨,若濡,有愠,无咎。
象曰：君子夬夬,终无咎也。

九四：臀,无肤。其行次且,牵羊悔亡,闻言不信。
象曰：其行次且,位不当也。闻言不信,聪不明也。

九五：苋陆夬夬,中行无咎。
象曰：中行无咎,中未光也。

上六：无号,终有凶。
象曰：无号之凶,终不可长也。

夬：　决心。决定。决断。快速。诀别。

夬卦的基本要义

1. 夬,决也。决字从水,除去水中的堵塞物使水能流通。堵塞物象征小人,社会欲求安定,必得除去奸邪小人。《古判案》曰:"决狱。"杀囚曰决囚。

2. 全卦五阳一阴,象征众君子欲去除一小人,其势轻而易举,但小人阴险狡诈,稍一疏忽可能反受其害,是故欲除小人,必须当众公开宣布其罪行,让众人唾弃,方能竟其功。

3. 夬卦以除奸务必快速,方能避凶。比喻人逢障碍物,必须快速下决心,锄险趋吉,否则将陷入"诀"之境。

4. 布三施:财施、法施、无畏施,是累积善业的资源,会见《易经》圣人的珠宝玉石。

5. 有决心的人做事果断,当机立即处理圆满,不拖泥带水。

6. 当您想帮助别人渡过难关时,必须存着施恩不用报;希望别人报答,就不要去施恩。

姤 天 ＝＝ 乾上
　　风 ＝＝ 巽下

姤： 女壮，勿用取女。

彖曰： 姤，遇也，柔遇刚也。勿用取女，不可与长也。天地相遇，品物咸章也。刚遇中正，天下大行也。姤之时义大矣哉！

象曰： 天下有风，姤，后以施命诰四方。

初六： 系于金柅，贞吉，有攸往，见凶，羸豕孚蹢躅。

象曰： 系于金柅，柔道牵也。

九二： 包有鱼，无咎，不利宾。

象曰： 包有鱼，义不及宾也。

九三： 臀无肤，其行次且，厉无大咎。

象曰： 其行次且，行未牵也。

九四： 包无鱼，起凶。

象曰： 无鱼之凶，远民也。

九五： 以杞包瓜，含章，有陨自天。

象曰： 九五含章，中正也。有陨自天，志不舍命也。

上九： 姤其角，吝，无咎。

象曰： 姤其角，上穷吝也。

姤： 遇（相遇、遭遇、待遇）。缘。

姤卦的基本要义

1. 姤,意为遇,人生的遇,良缘为相遇,孽缘为遭遇。事先安排为待遇,突发事件为偶遇、奇遇。良缘相遇,贤君与良臣相遇,国得良才,国强民幸;贤君遇人民,是君爱民,民敬君,君民交幸;天地相遇,品物咸章;阴阳相遇则和,人物相遇则道通。孽缘相遇,犹如卦象五阳在上,一阴在下,一女嫁五夫是淫妇的行为,象征不正之人,君王应避之不用。

2. 姤卦谈缘分,茫茫人海中,有缘才能姤遇,缘有前世缘、今世缘。

3. 遇的机缘大可富国,小可结善缘。刘备遇孔明,管仲遇鲍叔,一遇天下兴,遇的时机大矣哉!

4. 遭遇不幸使人不知所措,心乱如麻,但是必需节哀顺变。

5. 相遇贵人提高生活品质,改变人的命运,走向真善美的最终目标。

6. 有幸相遇是缘起,牵成有志于弘易之人,发挥潜能的动力。不幸的遭遇,牵缠一切恶因,当忏悔自省,行善立德以补前愆。

萃　泽兑上　地坤下

萃：　亨、王假有庙,利见大人。亨,利贞,用大牲吉,利有攸往。

彖曰：萃,聚也,顺以说,刚中而应,故聚也。王假有庙,致孝亨也。利见大人亨,聚以正也。用大牲吉,利有攸往,顺天命也。观其所聚,而天地万物之情可见矣!

象曰：泽上于地,萃。君子以除戎器,戒不虞。

初六：有孚,不终,乃乱乃萃,若号,一握为笑,勿恤,往无咎。
象曰：乃乱乃萃,其志乱也。

六二：引吉,无咎,孚,乃利用禴。
象曰：引吉,无咎,中未变也。

六三：萃如嗟如,无攸利,往无咎,小吝。
象曰：往无咎,上巽也。

九四：大吉,无咎。
象曰：大吉无咎,位不当也。

九五：萃有位,无咎,匪孚,元永贞,悔亡。
象曰：萃有位,志未光也。

上六：赍咨,涕洟,无咎。
象曰：赍咨涕洟,未安上也。

萃： 　　聚。拢。物以类聚。团结。

萃卦的基本要义

1. 水性往低、湿处流，萃卦象征水聚在地上成泽，泽能养物，繁衍茂盛，成为聚集之所。

2. 萃卦代表社会现象极多，民众的聚会，有喜气（上兑），庙会、市场的聚集人潮，会议的召开，庆典的举办，授课讲学，征集军队，准备出征等均是。

3. 卦辞谈"王假有庙"，易圣借宗教庙会的聚集，勖勉世人追求心灵的提升。

4. 缘续是启动结为夫妻、至亲好友的因缘会合，所以夫妻百年好合，至亲互相帮助，好友患难与共、有福同享。

5. 缘深者能生死相许，直到永远永远。

6. 相聚研习《易经》，提升心灵的洗涤，复回天性。

升　地 ☷ 坤上
　　风 ☴ 巽下

升： 元亨，用见大人，勿恤，南征吉。

彖曰： 柔以时升，巽而顺，刚中而应，是以大亨。用见大人，勿恤，有庆也。南征吉，志行也。

象曰： 地中生木，升。君子以顺德，积小以高大。

初六： 允升，大吉。
象曰： 允升大吉，上合志也。

九二： 孚，乃利用禴，无咎。
象曰： 九二之孚，有喜也。

九三： 升虚邑。
象曰： 升虚邑，无所疑也。

六四： 王用亨于岐山，吉，无咎。
象曰： 王用亨于岐山，顺事也。

六五： 贞吉，升阶。
象曰： 贞吉升阶，大得志也。

上六： 冥升，利于不息之贞。
象曰： 冥升在上，消不富也。

升： 高升。上进。不息。四散。

升卦的基本要义

1.升卦序排于萃卦之后,象征萃卦求遇合的目的,就是期待在下无位者求得位;有位者求高升;在上位者,求其大有其业,长保其业,都是上进的现象。

2.升卦谈"柔以时升",圣由凡修成,行远必自迩,登高必自卑,不可急功好义。

3.下巽为风,为木。地中之木,必向上升;地中之风,必向外扬,以散尘沙,故升卦有飞扬分散之象。

4.实实在在,脚踏实地。

5.积小善而为成大善,时时提升自己,心境升华,大吉有庆。

6.晋升官衔为了表扬有功于社稷国家的忠臣。

7.步步高升,君子得志,创立安康乐利的社会,达到平衡、和谐、圆满。

困　　泽　兑上
　　　水　坎下

困：　亨贞，大人吉，无咎，有言不信。

彖曰：　困、刚掩也。险以说，困而不失其所亨，其唯君子乎？贞，大人吉，刚中也。有言不信，尚口乃穷也。

象曰：　泽无水，困，君子以致命遂志。

初六：　臀困于株木，入于幽谷，三岁不觌。
象曰：　入于幽谷，幽不明也。

九二：　困于酒食，朱绂方来，利用亨祀。征凶，无咎。
象曰：　困于酒食，中有庆也。

六三：　困于石，据于蒺藜。入于其宫，不见其妻，凶。
象曰：　据于蒺藜，乘刚也。入于其宫，不见其妻，不祥也。

九四：　来徐徐，困于金车，吝有终。
象曰：　来徐徐，志在下也。虽不当位，有与也。

九五：　劓刖。困于赤绂，乃徐有说，利用祭祀。
象曰：　劓刖，志未得也。乃徐有说，以中直也。利用祭祀，受福也。

上六：　困于葛藟，于臲卼曰，动悔有悔，征吉。
象曰：　困于葛藟，未当也。动悔有悔，吉行也。

困： 困难。困苦。阻碍。波折。被包围。被破坏。致穷而被困。

困卦的基本要义

1. 困卦言世人处世遇困难，君子修业遇瓶颈；虽环境恶劣，唯若能如象辞所言，"困而不失其所亨"，效法乾卦自强不息的精神，便能达通亨之道。

2. 人生难免身处困境，处困、脱困之方，是一门高深的学问，选择冒险脱困或者屈辱待机，考验智慧，此其时也。

3. 身困而心不困，终能脱困。孔子周游列国，厄于陈、蔡七天，安然抚琴而歌，处之泰然，终能生成智慧，毅然返回鲁国，讲经说法，著书立作，名垂千史。

4. 贫病交加、生活困顿，无立足之地，考验人的意志是否坚定。

5. 君子虽有杀身成仁、舍身取义，但永不变志，此古今忠臣的典范。

6. 前进无路，后有追兵，为人逢屋漏加上连夜大雨，人处于困难重重之际，欲哭无泪。

井　　水 坎上
　　　风 巽下

井：　改邑不改井，无丧无得，往来井井。汲至亦未繘井，羸其瓶，凶。

彖曰：巽乎水，而上水，井。井、养而不穷也。改邑不改井，乃以刚中也。汲至亦未繘井，未有功也。羸其瓶，是以凶也。

象曰：木上有水，井，君子以劳民劝相。

初六：井泥不食，旧井无禽。
象曰：井泥不食，下也；旧井无禽，时舍也。

九二：井谷射鲋，瓮敝漏。
象曰：井谷射鲋，无与也。

九三：井渫不食，为我心恻，可用汲。王明，求受其福。
象曰：井渫不食，行恻也；求王明，受福也。

六四：井甃，无咎。
象曰：井甃无咎，修井也。

九五：井冽寒泉，食。
象曰：寒泉之食，中正也。

上六：井收勿幕，有孚元吉。
象曰：元吉在上，大成也。

井：　养而不穷之道，以井水通源之道，衍民生相养之理。

井卦的基本要义

1. 井卦有取之不尽、用之不竭的哲理,卦辞曰:"无丧无得,往来井井。"

2. 古代凿井汲水为民生之需。井为人工所凿,凿地出泉,筑而成井,从而汲水,供人使用、饮用,有泉而不凿,有井而不汲水,则"有"等于"无",必须善加利用,人们深知井水汲取之后,泉水依旧涌出,不用担心水井枯干,倒是不汲井水,井水反而浑浊污秽,不堪使用,极其可惜。易圣以此勖勉世人,以人类的智慧不断地发掘宇宙中蕴藏的宝物,供世人使用,易圣也以此比喻世人进德修业,不断精进,去浊存菁。

3. 井卦以巽下坎上,巽为风,为入;坎为水,为深陷。以巽木之入,取深陷之水而上之以为用,是为井卦之义。

4. 井水是人生需要的能源,每天衣食住行离不开水的资源。

5. 井水取之不尽,用之不竭,带给人无限希望,正如善用智慧之人可垂手可得,左右逢源。

6. 甜美寒泉之水是长途旅程跋涉者的救命食品,智慧结晶的清凉水是精神的资粮。

革 泽 ䷰ 兑上
火 离下

革： 巳日乃孚,元亨利贞,悔亡。

彖曰： 革、水火相息。二女同居,其志不相得,曰革。巳日乃
孚,革而信之。文明以说,大亨以正。革而当,其悔乃
亡。天地革而四时成。汤武革命,顺乎天,而应乎人。
革之时大矣哉!

象曰： 泽中有火,革,君子以治历明时。

初九： 巩用黄牛之革。
象曰： 巩用黄牛,不可以有为也。

六二： 巳日乃革之,征吉,无咎。
象曰： 巳日革之,行有嘉也。

九三： 征凶,贞厉,革言三就,有孚。
象曰： 革言三就,又何之矣?

九四： 悔亡,有孚,改命吉。
象曰： 改命之吉,信志也。

九五： 大人虎变,未占,有孚。
象曰： 大人虎变,其文炳也。

上六： 君子豹变,小人革面,征凶,居贞吉。
象曰： 君子豹变,蔚其文也。小人革面,顺以从君也。

革:　　　革新。革命。改变。革除。改良。改正。去旧维新。
洗心革面。洗涤心灵。

革卦的基本要义

1. 革卦谈周武王讨伐纣王,将腐败的商朝消灭,拯救人民于水深火热中,成立新的周朝,励精图治。

2. 革卦是先破坏再建设,建设可增加新的福祉,破坏则为人所讨厌,两者如何取得平衡,端赖主事者的智慧。

3. 革卦谈改革,谈洗心革面。全卦皆以象辞所言:"文明以说,大亨以正","革之时大矣哉!"说明得时者,内在可顿悟本性,外在则可顺天应人,终能成就无上之道。

4. 革卦论"巳日乃孚",说明改革之道,"时"居于重要地位,必须诚信(孚)等待时机成熟,方能获天人信赖,臻于成功之境。

5. 改变命运靠自己。双手万能的人类为万物之灵,能弥补天地之不足。

6. 大人者先改变自己的习性,以身教胜于言教,能达到德化天下无大过。

7. 汤武革命顺天应人,治历明时,因此,应天心、顺民意者,可得万民拥戴,普天同庆。

鼎　火 离上　　
　　风 巽下

鼎：　元吉亨。

彖曰：鼎、象也。以木巽火，烹饪也。圣人烹以享上帝，而大烹以养圣贤。巽而耳目聪明，柔进而上行，得中而应乎刚，是以元亨。

象曰：木上有火，鼎，君子以正位凝命。

初六：鼎颠趾，利出否；得妾以其子，无咎。
象曰：鼎颠趾，未悖也；利出否，以从贵也。

九二：鼎有实，我仇有疾，不我能即，吉。
象曰：鼎有实，慎所之也；我仇有疾，终无尤也。

九三：鼎耳革，其行塞，雉膏不食。方雨亏悔，终吉。
象曰：鼎耳革，失其义也。

九四：鼎折足，覆公餗，其形渥，凶。
象曰：覆公餗，信如何也？

六五：鼎黄耳，金铉，利贞。
象曰：鼎黄耳，中以为实也。

上九：鼎玉铉，大吉，无不利。
象曰：玉铉在上，刚柔节也。

鼎：　食器。崭新。熟能生巧。高贵。隆重崇高。

鼎卦的基本要义

1.鼎卦序排于革卦之后,是"改革的工具"之义。

2.鼎卦言"崭新",与革卦互动密切,革为改革,鼎卦取新,更有"持续变易"之象。

3.穷则变,变则通,通则久,久则攸,攸者新也。但革与鼎乃大事,非凡人所能为,必圣贤明君才能谈革铸鼎,如汤武、禹帝。

4.鼎为生活必备品,以火加诸鼎之下,置食物于鼎内,烹饪之熟食,为人所食用。

5.鼎卦三、四、五爻互卦为兑,二、三、四爻互卦为乾,为金,形成鼎卦"中空盛物之金器"。下卦木,上卦火,木生火,如此一来,全部事物均产生变化,因此鼎卦是革卦的革新王具。申论之,改革、变革必以鼎卦为手段,终成为新的气象,新的境界。

6.烹饪食物以控制火候为宜,达到养生的效果。

7.修身养性之人安炉立鼎,舌搭天桥,使津液滋养身心。

8.圣人炼精、气、神合一,烹炼鼎火合坎水,达到圣婴赤子之心。

震　重震上／震下

震：　亨。震来虩虩，笑言哑哑。震惊百里，不丧匕鬯。

彖曰：震、亨。震来虩虩，笑言哑哑；震惊百里，惊远而惧迩也。不丧匕鬯，出可以守宗庙社稷，以为祭主也。

象曰：洊雷，震，君子以恐惧修省。

初九：震来虩虩，后笑言哑哑，吉。
象曰：震来虩虩，恐致福也；笑言哑哑，后有则也。

六二：震来厉，亿丧贝，跻于九陵，勿逐，七日得。
象曰：震来厉，乘刚也。

六三：震苏苏，震行无眚。
象曰：震苏苏，位不当也。

九四：震坠泥。
象曰：震坠泥，未光也。

六五：震往来厉，亿无丧，有事。
象曰：震往来厉，危行也；其事在中，大无丧也。

上六：震索索，视矍矍，征凶。震不于其躬，于其邻，无咎。婚媾有言。
象曰：震索索，中未得也；虽凶无咎，畏邻戒也。

震：　奋动。激发。雷霆万钧之象。东方。戒慎恐惧。

震卦的基本要义

1. 震为动，易圣不将卦名取为动而名之震，乃因动的力道不足以表达重震的威力；取名震，有惊天动地、天翻地覆之义。

2. 震卦序排于鼎卦之后，鼎是权力的象征，权力的传承系交予长子，震为长男，易圣于鼎卦之后序排震卦，说明继鼎并承震后艮卦之重责。

3. 动万物者，莫疾乎雷，春雷一动，万物苏醒，蛰虫出土，草木萌发，宇宙生机开始运作。

4. 震卦言恐惧修行，惊恐事来临时，必须镇静持慎，以"笑言哑哑"的态度处理，以静制动，以真对伪，以智应变，便能趋吉避凶。

5. 强震海啸，震动万里，皆因人心贪欲无穷造成。

6. 好的名誉传遍千里，所以名誉是人的美丽锦衣。言行合一的君子都时时反省自己。

7. 心念动机天地神明皆知，君子慎言行密而不出，言必中节。

艮 重 艮上
艮 艮下

艮其背,不获其身;行其庭,不见其人;无咎。

彖曰：艮、止也。时止则止,时行则行,动静不失其时,其道光明。艮其背,止其所也;上下敌应,不相与也。是以不获其身,行其庭,不见其人;无咎也。

象曰：兼山艮,君子以思不出其位。

初六：艮其趾,无咎,利永贞。
象曰：艮其趾,未失正也。

六二：艮其腓,不拯其随,其心不快。
象曰：不拯其随,未退听也。

九三：艮其限,列其夤,厉,薰心。
象曰：艮其限,危薰心也。

六四：艮其身,无咎。
象曰：艮其身,止诸躬也。

六五：艮其辅,言有序,悔亡。
象曰：艮其辅,以正中也。

上九：敦艮,吉。
象曰：敦艮之吉,以厚终也。

艮：　止。静。安。修持。限制。背向。独善其身。

艮卦的基本要义

1.艮,《杂卦传》曰:"艮止也。"序排于震卦之后,《杂卦传》曰:"震起也。"一起一止,一动一静。依易理言,物极则反,盛必衰,穷则变,是故震动必艮止,合乎常理。故《序卦传》曰:"物不可终动,止之,故受之以艮。"

2.艮卦谈止,序排于震动之后,易圣的智慧在于启发世人:"时行则行,时止则止,动静不失其时,其道光明。"说明世上万事万物、人生哲理、四序时行,皆不离动、静、时、道之间的变化。

3.止而后静,静方能修。艮,山也。山之上,山之下皆静之态。圣贤山上修,凡人山下修。艮有"灵山塔下修"之象。

4.艮止的本义,非全然为静止弗动。若单限于止而不动,宇宙间将会无事可成,无功可言,则天地势将灭绝,此非易圣起卦之义。圣人以艮卦启示世人,何时何地该动、该静,是极其高明的智慧。此智慧的形成,须有静而修的功夫。

5.慈悲博爱是化为推动文化传承的原动力。

6.仁慈者守静心淡寡欲,能止于至善地,因此长寿。

7.身心安顿,心地光明,行事处世依良知良能,得中正之道,达到君子素其位而行。

渐　风　<u>巽上</u>　山　<u>艮下</u>

渐：　女、归吉，利贞。

彖曰：渐、渐进也，女归吉也。进得位，往有功也。进以正，可以正邦也。正其位，刚得中也。止而巽，动不穷也。

象曰：山上有木，渐，君子以居，贤德善俗。

初六：鸿渐于干，小子厉，有言，无咎。
象曰：小子之厉，义无咎也。

六二：鸿渐于磐，饮食衎衎，吉。
象曰：饮食衎衎，不素饱也。

九三：鸿渐于陆。夫征不复，妇孕不育，凶，利御寇。
象曰：夫征不复，离群丑也；妇孕不育，失其道也；利用御寇，顺相保也。

六四：鸿渐于木，或得其桷，无咎。
象曰：或得其桷，顺以巽也。

九五：鸿渐于陵，妇三岁不孕，终莫之胜，吉。
象曰：终莫之胜，吉，得所愿也。

上九：鸿渐于陆，其羽可用为仪，吉。
象曰：其羽可用为仪吉，不可乱也。

渐：　渐进。徐徐上进。渐而不急遽。由卑而高。由近而远。

渐卦的基本要义

1. 渐卦是渐次发展的意思。渐生,渐长,渐进,渐增,均为渐之义。

2.《易经·下经》谈人伦,易圣以人伦最为可贵的结婚为例,说明男女结婚,必须依六礼循序渐进完成,不是一见钟情,立刻定终身的。卦辞"女、归吉"即是此义。

3. 登高必自卑,行远必自迩,是渐卦的最佳写照。

4. 世上万事万物,不能永久停止,必须渐次进展,收缩,伸张,消息增减。无论人事进退,草木生长,增高增强变化,都是渐进而来。

5. 鸿雁向南飞是秋冬之季。君子宜知机蓄养,隐藏若愚,防杀身之祸。

6. 君子感化顽劣,以和为贵,以谦让为本,才能达到所过化者,收到移俗善德的效果。

7. 鸿雁飞到大树枝上隐身,可防猎者射杀,人类得正确思想信仰,才不会迷失自己。

归妹 雷 震上 泽 兑下

归妹： 征凶，无攸利。

彖曰： 归妹、天地之大义也。天地不交，而万物不兴；归妹人之终始也。说以动，所归妹也。征凶，位不当也。无攸利，柔乘刚也。

象曰： 泽上有雷，归妹，君子以永终知敝。

初九： 归妹以娣，跛能履，征吉。
象曰： 归妹以娣，以恒也；跛能履，吉，相承也。

九二： 眇能视，利幽人之贞。
象曰： 利幽人之贞，未变常也。

六三： 归妹以须，反归以娣。
象曰： 归妹以须，未当也。

九四： 归妹愆期，迟归有时。
象曰： 愆期之志，有待而行也。

六五： 帝乙归妹，其君之袂，不如其娣之袂良；月几望，吉。
象曰： 帝乙归妹，不如其娣之袂良也；其位在中，以贵行也。

上六： 女承筐无实，士刲羊无血，无攸利。
象曰： 上六无实，承虚筐也。

归妹： 女子出嫁。

归妹卦的基本要义

1. 归妹言女子出嫁。虽出嫁为天经地义之正理,但少女(兑)悦而动情于长男(震),女主动,男被动,少女与长男年龄悬殊是不正当婚姻。

2. 归妹卦序排于渐卦之后,渐卦循六礼,渐进完婚,贞吉;归妹卦女主动,男被动,违反常理,失贞失吉。

3. 归妹卦指出,既为夫妻,彼此了解、体贴、恩爱,历久弥坚,方为幸福夫妇,美满人生。

4. 归妹卦是研究结婚嫁娶,人生终局,事物结局的道理,及其演变的过程,易圣启示世人,凡事合理渐进为吉,仓促成事,造成差异现象,终必凶。

5. 男女婚嫁,各有所归属,人生终身大事,以延续衍生子孙,承继香火。

6. 心不甘情不愿的婚姻是造成离婚的主因,唯有互相体谅、包容,才能使家庭和谐快乐。

7. 父慈子孝、兄友弟恭、夫正妻柔、长者贤幼者顺、君仁臣忠,此为人之所依归,做人的根基。

丰 雷 震上
火 离下

丰： 亨、王假之，勿忧，宜日中。

彖曰： 丰、大也。明以动，故丰。王假之，尚大也。勿忧，宜日中，宜照天下也。日中则昃，月盈则食，天地盈虚，与时消息，而况于人乎？ 况于鬼神乎？

象曰： 雷电皆至，丰，君子以折狱致刑。

初九： 遇其配主，虽旬无咎，往有尚。
象曰： 虽旬无咎，过旬灾也。

六二： 丰其蔀，日中见斗，往得疑疾。有孚发若，吉。
象曰： 有孚发若，信以发志也。

九三： 丰其沛，日中见沫。折其右肱，无咎。
象曰： 丰其沛，不可大事也。折其右肱，终不可用也。

九四： 丰其蔀，日中见斗，遇其夷主，吉。
象曰： 丰其蔀，位不当也；日中见斗，幽不明也。遇其夷主，吉行也。

六五： 来章，有庆誉，吉。
象曰： 六五之吉，有庆也。

上六： 丰其屋，蔀其家，窥其户，阒其无人，三岁不觌，凶。
象曰： 丰其屋，天际翔也；窥其户，阒其无人，自藏也。

丰： 硕大。丰盛。繁荣。茂盛。众多。

丰卦的基本要义

1. 卦象三阴三阳,刚柔协调,相互交孚,如人之为旧识,毫无生疏之感。

2. 象辞以"雷电皆至"推及"折狱致刑"。比喻古代君王以德威照天下,泽被民生。君子应法之,"以折狱致刑,安良除暴"后的景象。

3. 易圣在归妹卦之后序排丰卦,意寓任何事物归聚在一起就会变成大的物体,积沙成塔,聚水成渊。

4. 丰卦为雷电交作之象,此象可推衍"盛极防衰"之理。雷电交击之后,声势便立即削弱,象征丰盈壮盛的理象是难保长久不衰的,君子戒之!

5. 风调雨顺,五谷丰收,百姓安居乐业,如得阳光普照的温暖。

6. 丰富的学识加上超人的智慧,创造人生美景。

7. 圣人以道德仁义为施政的目标,达到与乾天日照天下之功。

旅　火 离上
　　山 艮下

旅：　　小亨，旅，贞吉。

彖曰：旅、小亨。柔得中乎外，而顺乎刚；止而丽乎明，是以小
　　　亨，旅贞吉也。旅之时义大矣哉！

象曰：山上有火，旅。君子以明慎用刑，而不留狱。

初六：旅琐琐，斯其所取灾。
象曰：旅琐琐，志穷灾也。

六二：旅即次，怀其资，得童仆贞。
象曰：得童仆贞，终无尤也。

九三：旅焚其次，丧其童仆，贞厉。
象曰：旅焚其次，亦以伤矣。以旅与下，其义丧也。

九四：旅于处，得其资斧，我心不快。
象曰：旅于处，未得位也。得其资斧，心未快也。

六五：射雉，一矢亡，终以誉命。
象曰：终以誉命，上逮也。

上九：鸟焚其巢，旅人先笑后号咷，丧牛于易，凶。
象曰：以离在上，其义焚也；丧牛于易，终莫之闻也。

旅：　　移动。旅行。迁移。盛衰消长。祸福倚伏。轮回。

旅卦的基本要义

1. 旅卦序排于丰卦之后。丰之后穷,乃失其居,如富者忽贫,必鬻其居宅,终而寄寓于外,遂至家于部屋,以羞赧不能见人,自藏而逃避至外地,曰"旅寡亲",自别于亲友而逃亡于外,成为羁旅之人。

2. 中国古代哲理虽无轮回之说,但对于盛衰消长、祸福倚伏的思想极其发达。这种思想有轮回的警惕作用,却无轮回的迷信流弊。最早有此思想逻辑的是《易经》,尤其《易经》卦辞、爻辞阐述此理最精辟、明晰,尤以旅卦最为显著。

3. 旅卦六爻中,三爻为吉,三爻为凶,以明示吉凶参半,必须自我择之,以求吉象。故象辞曰:"君子以明慎用刑,而不留狱。"

4. 时间与空间的转换是人生的旅程,如何掌握生命价值观,才不枉来人间空走一趟。

5. 君子留下足迹,使人怀念;小人留下痕迹,令人憎恨。

6. 圣哲立德、立言、立功留下圣迹,凡夫俗子留下足迹,愚劣之人留下痕迹。所以有圣、贤、才、智、平、庸、愚、劣之差别。

巽 重巽上
 巽 巽下

巽： 小亨,利有攸往,利见大人。

彖曰： 重巽以申命,刚巽乎中正,而志行;柔皆顺乎刚,是以小
 亨;利有攸往,利见大人。

象曰： 随风巽,君子以申命行事。

初六： 进退,利武人之贞。
象曰： 进退、志疑也;利武人之贞,志治也。

九二： 巽在床下,用史巫纷若,吉,无咎。
象曰： 纷若之吉,得中也。

九三： 频巽吝。
象曰： 频巽之吝,志穷也。

六四： 悔亡,田获三品。
象曰： 田获三品,有功也。

九五： 贞吉悔亡,无不利,无初有终。先庚三日,后庚三日,吉。
象曰： 九五之吉,位中正也。

上九： 巽在床下,丧其资斧,贞凶。
象曰： 巽在床下,上穷也;丧其资斧,正乎凶也。

巽： 进入。逊让。巽顺。谦卑。伏入。

巽卦的基本要义

1. 巽卦一阴伏于二阳之下,是为伏入静处,伺机以动之象,重巽象征谦卑又谦卑,以柔顺之德待人处世,故曰"巽德之制也"、"巽称而隐"、"巽以行权",终能"利有攸往,利见大人"(卦辞)。

2. 巽卦启发世人因势利导,顺势而为之道;教人当机立断,不可踌躇不决,丧失先机。

3. 巽卦以两风相随,启示世人,经世须不断地努力,方能达到预期的指标。在上位者治,必须深入民心,方能民悦相孚,是为"君子之德风"最佳诠释。

4. 师长教育学子,春风化雨,百年树人。

5. 君子的德性如凉风习习,和悦使人感到心旷神怡。

6. 获得名利双收,整天春风满面,笑口常开。

兑 重兑 兑上 兑下

兑： 亨、利、贞。

彖曰： 兑、说也；刚中而柔外，说以利贞，是以顺乎天，而应乎人；说以先民，民忘其劳；说以犯难，民忘其死；说之大，民劝矣哉！

象曰： 丽泽兑，君子以朋友讲习。

初九： 和兑吉。
象曰： 和兑之吉，行未疑也。

九二： 孚兑吉，悔亡。
象曰： 孚兑之吉，信志也。

六三： 来兑，凶。
象曰： 来兑之凶，位不当也。

九四： 商兑未宁，介疾有喜。
象曰： 九四之喜，有庆也。

九五： 孚于剥，有厉。
象曰： 孚于剥，位正当也。

上六： 引兑。
象曰： 上六引兑，未光也。

兑： 兑现。喜悦。兑换。交易。替代。代谢。后天八卦兑
在西方。

兑卦的基本要义

1. 兑者,悦也,物相入则相悦,相悦则相入。

2. 兑之悦乐,要合乎正道,必须是扎实的、真诚的、光明正大的喜悦,而不是取巧、虚伪、狭隘的。

3. 象辞谈两泽相依,以活水交流象征喜悦,人际关系若能像活水那般交流,才能产生互助的力量。

4. 兑卦申论天人合一之道,勖勉君民一心,而以效法乾坤之德泽为基础。

5. 人生的喜悦要有精神上的修养,身体上的健康,外表有柔顺温和的仪态,内心有刚健的心态,和言悦色。

6. 兑悦的方法可以经由旅游、饮食宴乐、朋友讲习、闭关修持。

7. 朋友相聚一堂,互相切磋琢磨,能够充满喜悦。

8. 全家和乐融融,无忧无虑,互相亲爱,不为小事争闹不休,达到家和万事兴。

9. 接引众生,超生了死,道成天上,名留人间,必从积善培德做起,以至功圆果满。

涣　　风　巽上
　　　水　坎下

涣：　　亨、王假有庙,利涉大川,利贞。

彖曰：涣、亨。刚来而不穷,柔得位乎外,而上同。王假有庙,
　　　　王乃在中也;利涉大川,乘木有功也。

象曰：风行水上,涣。先王以享于帝,立庙。

初六：用拯马壮,吉。
象曰：初六之吉,顺也。

九二：涣奔其机,悔亡。
象曰：涣奔其机,得愿也。

六三：涣其躬,无悔。
象曰：涣其躬,志在外也。

六四：涣其群,元吉。涣其丘,匪夷所思。
象曰：涣其群,元吉。光大也。

九五：涣汗其大号,涣王居,无咎。
象曰：王居无咎,正位也。

上九：涣其血去,逖出,无咎。
象曰：涣其血,远害也。

涣：　　冰释。化解。离散。涣散。散而复聚。

涣卦的基本要义

1. 古代君王建宗庙，收揽民心，是为"涣"；象征人心散而复聚，故卦辞曰："王假有庙。"今宗教所言：诸佛菩萨降临，有涣卦之象。

2. 以人的角度言，忧心则气结，喜悦则舒散，涣卦序排于兑卦之后，因为喜悦发出笑声而心情舒畅，故涣卦有分散、消散、解消之义。

3. 涣卦六爻皆无过咎，足见涣卦对人生的启示作用相当大。盖涣卦是否卦二、四爻交易衍化而来。凡事否泰不通之际，涣卦可涣散其否塞。

4. 涣卦六爻均说明如何拯救众生脱离困境。

5. 设法舟、道观、佛寺、教堂，劝人为善，修心养性。

6. 立庙、设坛，聚集众人之善气诚心礼拜，使心不乱，修内功，行外王，达到天人合一。

7. 劝化顽劣，以德感召，亲身躬行实践，必付出加倍心血，才能完成任务。

节　水　坎上
　　泽　兑下

节： 亨,苦节不可贞。

彖曰： 节、亨。刚柔分,而刚得中。苦节不可贞,其道穷也。说
以行险,当位以节,中正以通。天地节,而四时成;节以
制度,不伤财,不害民。

象曰： 泽上有水,节。君子以制数度,议德行。

初九： 不出户庭,无咎。
象曰： 不出户庭,知通塞也。

九二： 不出门庭,凶。
象曰： 不出门庭凶,失时极也。

六三： 不节若,则嗟若,无咎。
象曰： 不节之嗟,又谁咎也。

六四： 安节亨。
象曰： 安节之亨,承上道也。

九五： 甘节吉。往有尚。
象曰： 甘节之吉,居位中也。

上六： 苦节,贞凶,悔亡。
象曰： 苦节贞凶,其道穷凶。

节： 节制。节俭。礼节。制度。志节。节操。

节卦的基本要义

1.节卦序排于涣卦之后,《序卦传》曰:"涣者,离也;物不可以终离,故受之以节。"任何事物不会永久离散,必有节以制其行。

2.节卦本意为竹节,比喻恰当区隔。

3.节有限制之义,凡事物须有限度,于人曰礼节、礼仪、礼制;于物曰制度,如度、量、衡之制定。

4.既言制度,过与不及皆非得当,必以中正、当位,子曰"临大节而不可夺",是节卦最高境界。

5.节卦衍义为进德修业,则火养身、养心、养智慧;养身即养生,了解节卦,节而不穷,节欲身强,节身自爱,人恒爱之。

6.二十节气、七十二候,若能达到四时合其序,和气致祥,则六畜兴旺,五谷满仓,人能四时无灾,八节有庆。

7.国家财政节制俭用,开发新资源,不浪费,不影响百姓生计。

8.女人苦守贞节,扶养儿女长大成人,历尽沧桑。

中孚

风 巽上
泽 兑下

中孚: 豚鱼吉,利涉大川,利贞。

彖曰: 中孚、柔在内,而刚得中,说而巽,孚乃化邦也。豚鱼吉,信及豚鱼也;利涉大川,乘木舟虚也;中孚以利贞,乃应乎天也。

象曰: 泽上有风,中孚,君子以议狱缓死。

初九: 虞吉,有他,不燕。
象曰: 初九虞吉,志未变也。

九三: 鸣鹤在阴,其子和之。我有好爵,吾与尔靡之。
象曰: 其子和之,中心愿也。

六三: 得敌,或鼓,或罢,或泣,或歌。
象曰: 或鼓或罢,位不当也。

六四: 月几望,马匹亡,无咎。
象曰: 马匹亡,绝类上也。

九五: 有孚挛如,无咎。
象曰: 有孚挛如,位正当也。

上九: 翰音登于天,贞凶。
象曰: 翰音登于天,何可长也。

中孚：诚信。中道。天人合一。中庸之德。中和之道。不偏不倚。不蔓不枝。一之于道，齐次道，无所失也。

中孚卦的基本要义

1.孚字，爪与子合字为孚。母鸟以爪覆盖卵，以自身体温孵蛋，生出小鸟，母爱以爱心无私奉献孵出小鸟，令人感动。

2.易圣于节卦之后序排中孚卦，是虞其过节，而生抑制之弊，忧其多度而形成纠纷。是以道德规范之，俾使其不至于过节。盖过节之节为节之敝，中节为节之善，亦即中孚之象，伟哉易圣！

3.中孚卦讲中心，诚信，相感，亲爱精诚，以德服人之道。

4.象辞就"人生哲理"、"至诚"、"修齐治平"、"天人合一"之理，说明中孚卦之广义。

5.象辞以审狱之事申论君王宽缓死刑，是于入中求其出路，死中求其生。

6.至诚如神，感而遂通，得中正应乎天心。

7.以诚感化人，乘愿力行易、弘易，则天必佑之，吉无不利。

8.用诚心与智慧克服难关，不可以伪诚成为伪君子，欺人又骗自己的良心。

小过 雷震上 山艮下

小过：亨，利贞，可小事，不可大事。飞鸟遗之音，不宜上宜下，大吉。

彖曰：小过，小者，过而亨也。过以利贞，与时行也，柔得中，是以小事吉也。刚失位而不中，是以不可大事也。有飞鸟之象焉，飞鸟遗之音，不宜上宜下，大吉，上逆而下顺也。

象曰：山上有雷，小过。君子以行过乎恭，丧过乎哀，用过乎俭。

初六：飞鸟以凶。
象曰：飞鸟以凶，不可如何也。

六二：过其祖，遇其妣。不及其君，遇其臣，无咎。
象曰：不及其君，臣不可过也。

九三：弗过、防之，从或戕之，凶。
象曰：从或戕之，凶如何也？

九四：无咎、弗过遇之，往厉必戒，勿用永贞。
象曰：弗过遇之，位不当也。往厉必戒，终不可长也。

六五：密云不雨，自我西郊，公弋取彼，在穴。
象曰：密云不雨，已上也。

上六：弗遇过之，飞鸟离之，凶，是谓灾眚。

象曰：弗遇过之，已亢也。

小过：稍微过错。走过。

小过卦的基本要义

1.过，非中也。不中则不平，不正则不公，是以小过违反前卦中孚卦之用；唯中孚之事物，重在实行，实行之时，可以做小小的事，甚至容许稍稍的过错，因为凡事物有时也须小有迁就，才能趋于中道。是故过之义，重在于行，有走过之义。

2.小过卦是谈做人处世稍有超过的现象、原理，以及质量变化的关系。易圣以此告诫世人，不可超越常态，行事不超越权责范围。

3.小过卦上震为长男，居上位；下艮为少男，居下位。以长男超过少男，象征凡有稍微超过的事、物均为小过卦研究的对象。

4.小过不断，大过常犯。这是一般人的通病，造成罪恶的根源。

5.君子行为太过恭敬，丧事时太过悲伤，使用物品太过节俭，都不合乎中道，是为小过。

6.勿以善小而不为，勿以恶小而为之，人不可以放纵自己的欲望滋长，以造成罪过，错集于一身而遭到业报。

既济　水　坎上
　　　　火　离下

既济：亨、小、利贞，初吉终乱。

彖曰：既济、亨。小者，亨也。利贞，刚柔正，而位当也。初吉，柔得中也。终止则乱，其道穷也。

象曰：水在火上，既济，君子以思患而豫防之。

初九：曳其轮，濡其尾，无咎。
象曰：曳其轮，义无咎也。

六二：妇丧其茀，勿逐，七日得。
象曰：七日得，以中道也。

九三：高宗伐鬼方，三年克之。小人勿用。
象曰：三年克之，惫也。

六四：濡其衣袽，终日戒。
象曰：终日戒，有所疑也。

九五：东邻杀牛，不如西邻之禴祭，实受其福。
象曰：东邻杀牛，不如西邻之时也。实受其福，吉大来也。

上六：濡其首，厉。
象曰：濡其首厉，何可久也？

既济：既者，已经。济者，完成。万事万物各尽其能，各归本性，各适其所，成就功果圆满，是为既济。

既济卦的基本要义

1. 既济卦象征相需相成,互相协调,一切皆如意。

2.《易经》圣人序排六十四卦,以乾坤始焉,未将既济置终卦,而以未济为全《易》之终,是乃终则有始,以此可保存生机,以回复乾卦之始也。盖既济者如舟渡水,已达彼岸;未济者则有待于渡,有期于成,既有期待,象征生机尚存焉。

3. 既济卦序排于小过卦之后,此乃易圣认为,既济足济物之过,其行有功,其事必成。小过者过于善必失中行,失中必有偏,必赖宽猛相济,相需相成的既济卦,济其失中之象,故济者"助"之义也。

4. 到圆满功果时,要预防心念动于微细,忧患意识必须存在。

5. 抽坎添离,炼子午神功,以养身、心、灵合一,使炼精化气,养神反虚,达到金丹大成。

6. 进德修业,以补不足,防微杜渐,去皮气毛病习性,使身心安康。

未济　火 离上　水 坎下

未济：亨、小狐汔济，濡其尾，征凶，无攸利。

彖曰：未济、亨，柔得中也。小狐汔济，未出中也。濡其尾，征凶，无攸利，不续终也。虽不当位，刚柔应也。

象曰：火在水上，未济，君子以慎辨物居方。

初六：濡其尾，吝。
象曰：濡其尾，亦不知甚也。

九二：曳其轮，贞吉。
象曰：九二贞吉，中以行正也。

六三：未济、征凶。不利涉大川。
象曰：未济征凶，位不当也。

九四：贞吉、悔亡。震用伐鬼方，三年有赏于大国。
象曰：贞吉悔亡，志行也。

六五：贞吉、无悔，君子之光，有孚，吉。
象曰：君子之光，其晖吉也。

上九：有孚于饮酒，濡其首，无咎。有孚失是。
象曰：饮酒濡首，亦不知节也。

未济：未者，尚未也。济者，完成。未济为未尽，未成，未完，周而复始之义。未济卦序排于既济卦之后，列为《易经》最终卦，是乃易圣诫醒世人：一切尚有生机，此生了结，尚有来生；既有生机，不可放弃；既有来生，此生须向善，进德修业，修身养性，待周而复始，迈向光明。

未济卦的基本要义

1. 未济卦言未完成，内卦坎为陷险，外卦离为丽明，象征内险外明。内险者，身陷险中，尚未离险，此时唯有本身能自济之。也唯有脱险而后方能济人，未有本身未能自济而济人者，故曰：未济。

2. 未济卦的互卦、综卦、错卦均为既济卦，说明了目前虽未济，但将来则是既济，足证物不可穷，终而不尽，周而复始，此乃大自然之道。

3. 未济卦三阴三阳皆正应，象征穷尚能亨，虽然亨于内而穷于外，是俟时而后复，非真穷尽而失去生机也。

4.《序卦传》曰："物不可穷也，故受之以未济终焉。"易圣用心良苦，因为既济卦象征一切尽了头，必须以未济来结束，方不至于尽而无以为继。盖既济有终乱之戒，唯有心存未济，方可免于终乱。

5. 周文王圣人以未济卦作《易经》之终。孔子圣人赞之："生生不息之谓易。"未济卦虽六爻均不当位，但都能相应。不当位，表示事事不济；未济相应象征尚有诸多大事业待开创奋发，成就千古不朽志业。

6. 未完成的心愿可保留生机，待时候到了去完成。

7. 登高山欣赏大自然的美景，最怕认不清方向，找不到回家的路，唯有慎重辨别方向，才能返回家园。

8. 宇宙空间与时间不断循环交错转变，唯有乘愿而来则能生生不息。

图书在版编目(CIP)数据

茶道与易道 /黄来镒著. —杭州：浙江大学出版社,2013.3
ISBN 978-7-308-10866-9

Ⅰ.①茶... Ⅱ.①黄... Ⅲ.①茶叶－文化－中国
Ⅳ.①TS971

中国版本图书馆 CIP 数据核字(2012)第 286735 号

茶道与易道

黄来镒　著

责任编辑	余健波
文字编辑	徐　燕　殷　尧
封面设计	续设计
版式设计	阿　荞
出版发行	浙江大学出版社
	（杭州市天目山路 148 号　邮政编码 310007）
	（网址:http://www.zjupress.com）
排　　版	浙江时代出版服务有限公司
印　　刷	浙江省邮电印刷股份有限公司
开　　本	880mm×1230mm　1/32
印　　张	6.75
字　　数	169 千
版 印 次	2013 年 3 月第 1 版　2013 年 3 月第 1 次印刷
书　　号	ISBN 978-7-308-10866-9
定　　价	30.00 元
